KB198490

유아차를 탄 아이와 부모님도 함께

대한민국 구석구석 무장애 여행

유아차를 탄 아이와 부모님도 함께

대한민국 구석구석 무장애 여행

초판 1쇄 인쇄 2024년 12월 10일
초판 1쇄 발행 2024년 12월 15일

지은이 전윤선
펴낸이 김명숙

디자인 이명재
교정 정경임
펴낸곳 나무발전소

주소 03900 서울시 마포구 독막로 8길 31, 701호
이메일 tpowerstation@hanmail.net
전화 02)333-1967
팩스 02)6499-1967

후원
한국장애인문화예술원

ISBN 979-11-94294-07-8 13980

표지 설명

책의 가장 위쪽에 '유아차를 탄 아이와 부모님도 함께'라는 부제가 반달 모양으로 쓰여져 있고 그 아래 제목인 '대한민국 구석구석 무장애 여행'이 파란색 글자로 인쇄되어 있다. 그 아래 '글·사진 전윤선' 이라는 저자 표기가 있다. 표지 사진은 홍매화가 핀 창덕궁의 봄 풍경과 연잎이 싱그러운 경포호수 데크 길을 보여주고 있다. '한국접근가능관광네트워크 추천도서', '전국 무장애 여행사, 열린 관광지 리스트 수록', '계획·준비·교통·동선·맛집·숙소·화장실까지 완벽 가이드' 라는 안내 문구가 아래에 표기되어 있다.

유아차를 탄 아이와 부모님도 함께

대한민국 구석구석 무장애 여행

글·사진 전윤선

시작하는 글

여행은 행복도를 높이는 가장 유용한 수단이다. 행복을 좌우하는 요소로는 '재미'와 '의미'를 꼽는다. 세상에는 친구나 가족과의 대화, 온라인 게임, 독서 등 우리를 즐겁게 해주는 다양한 거리들이 있다. 그들 중 '재미'와 '의미' 양쪽에서 높은 지수에 자리한 활동으론 여행이 있다. 즉, 한 사회가 더 행복한 사회로 나아가기 위해서 유아차를 탄 아기도, 무릎 아픈 어르신도, 휠체어를 탄 장애인도 여행을 할 수 있어야 한다.

모두가 우리 사회의 구성원이고,
모든 이들의 행복지수를 합하고 나눈 값이
우리 사회의 행복지수이기 때문이다.

누구나 가벼운 마음으로! 아가를 유아차에 태우고 길을 나설 수 있기를, 무릎 아프신 부모님과 손잡고 나들이를 떠날 수 있기를, 휠체어에 올라 전국 방방 곳곳의 명소로 떠날 수 있기를 바라며 국내 무장애 여행지를 담았다.

지금까지 출간된 여행서를 살펴보면, 국내 무장애 여행 관련 책은 다섯 손가락에 꼽을 정도로 희귀하다. 독자들 중 '무장애 여행 작가'가 되고 싶다는 꿈을 가진 사람을 만나는 것이 나의 바람이다. 이 책이 장애인 여행 문학의 마중물 역할을 하길 바라며 나아가 '무장애 여행'이 여행 문학의 한 장르로 자리 잡았으면 좋겠다.

언제,
어디서든,
느닷없이 떠나는 여행이 가능하다면,
그 여행은 곧 장애물이 없는 여행이 될 것이다.

하지만 현실적으로 완벽한 '무장애' 여행지는 없다. 다만 그것을 목표로 한 걸음씩 나아갈 뿐이다. 이 책에 소개된 대부분의 여행지는 열린 관광지로 조성된 곳들로, 무장애 여행지를 엄선해 수록했다. 이 책은 '휠체어로 확인한 바로 그곳' 후속편에 해당하는 여행지들을 다루고 있다. 지난해 발간한 나의 여행 책에 담지 못했지만 꼭 소개하고 싶었던 무장애 여행지들이다.

사람들은 '열린 관광지'라면 접근성이 완벽한 곳이라고 생각하곤 한다.

하지만 열린 관광지는 다른 관광지에 비해 상대적으로 접근성이 높을 뿐, 완벽하게 열려 있는 곳은 아니다. 열린 관광지가 조성되면서, 지자체의 인식은 빠르게 변화하고 있다. 아마도 열린 관광의 가치는 이러한 인식의 변화에서 시작된 것이 아닐까. 누구나 여행할 권리가 있다는 인식이야말로 이런 변화를 이끄는 데 큰 역할을 했을 것이다.

누구나 여행을 떠나는 이유는 다양하지만 유아차를 탄 아기, 무릎 아픈 어르신, 장애인 등 관광 약자에게는 '접근성'과 '다양성'이라는 추가적인 요소가 필요하다.

지난해 출간한 〈아름다운 우리나라 전국 무장애 여행지 39〉에 이어, 이번 〈대한민국 구석구석 무장애 여행〉은 장애인 여행 문학이 한 걸음 더 나아가는 디딤돌이 되길 바란다. 열 번째, 스무 번째, 서른 번째를 넘어 백 번째 책이 나오길 기대해 본다.

무장애 여행은 보편적인 여행이기에!

이동수단별 관광지 선별

지하철로 장콜로 Go! Go!

창덕궁

서울역사박물관

서대문형무소역사관

열린송현공원

수원화성

임진각

남양주

월미도

인천 개항장 거리

춘천 소양호

기차로 장콜로 Go! Go!

경포해변

안목해변

연곡해변

초당 고택

솔향수목원

정동진

원주 뮤지엄 산

익산 교소도 세트장

익산 왕궁보선테마관광지

고창 선운사

전주 한옥마을

전주 경기전

전주 전동성당

전주 남부시장

영광 불갑사

영주 소수서원

부산 태종대

비행기로, 배로 장콜로 Go! Go!

서귀포시 이중섭 거리

차례

제3부 충청 · 전라권

제4부 경상 · 제주도

01

창덕궁

돈화문 → 인정전 → 선정전 → 대조전 → 희정당 → 낙선재 → 후원

역사와 자연이 어우러진 산책길

여행 정보

- 지하철 3호선 안국역
- 서울시 장애인콜택시 1588-4388, 02-2024-4200
- 안국역 근처 다수
- 창덕궁 매표소/ 낙선재 일원/ 부용지 일원

빛과 온화한 바람이 더해지면 꽃은 여러 빛깔로 새로운 계절을 맞는다. 봄의 색이 모두 같지 않듯 모두의 꿈도 봄의 색처럼 저마다 다른 꽃으로 피어난다. 봄꽃이 이토록 열정적으로 사람을 유혹하는 건 자연의 치밀한 계산에서 나온 결과다. 이맘때면 자석에 이끌리듯 발길이 자꾸 창덕궁으로 향한다. 관람객은 봄꽃보다 화려한 한복을 입고 누가 더 예쁜지 내기라도 하는 것 같다. 창덕궁은 '야간 개장'과 '달빛기행' 등 다양한 봄 행사로 상당히 분주해진다. 자연과 조화를 이룬 가장 한국적인 궁궐, 창덕궁은 유네스코 세계문화유산이기도 하다. 창덕궁에 물오른 봄이 한창이다.

창덕궁의 정문인 돈화문 일원은 접근성이 개선되어 누구나 편리하게 이용할 수 있다. 돈화문의 '돈화(敦化)'는 임금이 큰 덕을 베풀어 '백성을 화목하게 하고 교화시킨다'는 뜻이다. 『중용』에서 나온 말이다. 조선 궁궐 정문 이름엔 한자로 된 '화(化)' 자가 들어가는데, 이는 임금이 백성을 교화한다는 의미다. 경복궁의 광화문(光化門), 창덕궁의 돈화문(敦化門), 창경궁의 홍화문(弘化門), 경희궁의 흥화문(興化門), 덕수궁의 인화문(仁化門)이 그렇다. 현재 덕수궁은 120년 전 남문인 인화문이 헐리면서 동문인 대한문이 정문이 됐다.

창덕궁 돈화문을 들어서면 오른쪽에 휠체어와 유아차 이용 관람객을 위한 무장애 관람 동선 안내 표지가 있다. 안내판에는 주요 관람 동선과 이동 가능 동선으로 구분해 경사 어려움, 바닥 고르지 못함, 오르막길, 내리막길 등이 픽토그램으로 표시되어 있다.

창덕궁의 정전인 인정전으로 발길을 옮긴다. 인정전은 왕의 즉위식, 신하의 하례, 외국 사신의 접견, 궁중 연회 등 중요한 행사를 치르던 곳이다. 인정전에는 두 개의 낮은 월대가 있다. 옛 건축물이 그렇듯 월대는 계단이어서 휠체어 탄 관람객은 정전 안까지 접근할 수 없어 조정 마당 품계석에서 사진만 찍고 오른쪽 문을 통해 선정전으로 향했다. 궁궐 전각을 이동하는 문에도 경사로가 설치되어 있는데, 원래부터 있던 것같이 자연스럽다.

선정전(宣政殿)은 왕이 신하들과 함께 일상 업무를 보던 집무실이다. 다른 말로 편전(便殿)이라고도 부른다. 왕이 업무도 보고 신하들과 회의하며 토론도 하던 공간이다.

仁政殿

창덕궁의 전각들은 봄맞이 준비가 한창이다. 궐내 모든 건물의 문이란 문은 다 열어 빛과 바람을 들이고 있다. 활짝 열린 문 사이로 다양한 액자가 만들어지고 빛과 시간에 따라 각양각색 풍경이 새롭게 만들어진다. 햇빛과 바람과 자연이 만들어내는 그림은 시시각각 명화로 탄생한다.

대조전으로 발길을 옮겨갔다. 대조전은 창덕궁의 침전이자 왕비의 생활공간이다. 대조전의 압권은 앵두꽃이다. 햇빛이 무르익은 사월이면 여린 앵두꽃이 핀다. 앵두꽃은 왕비의 옷고름같이 살랑이는 봄바람에도 꽃잎을 떨군다. 볕 잘 드는 대조전 담벼락 화단에 핀 앵두꽃. 봄이 지나갈 무렵이면 앵두가 빨갛게 익으리라.

희정당으로 간다. 희정당은 왕이 가장 많이 머물렀던 침전이었다. 조선 후기에는 편전으로 그 기능이 바뀌었다. 희정당은 입구부터 계단 때문에 내부로 들어갈 수 없어 바로 옆 낙선재로 향했다.

낙선재는 일반적인 궁궐과 달리 단청을 입히지 않아 소박하고 단아한 기품이 느껴지는 곳이다. 봄이면 낙선재 화계 일원에 피는 산수유와 홍매화, 능수벚꽃이 으뜸이다. 고종의 고명딸이자 막내딸인 덕혜옹주가 1962년 귀국해 머물던 곳이다. 그녀는 봄꽃이 한창인 1989년 4월까지 이곳에 머물다 76세로 삶을 마감했다.

덕혜옹주의 삶은 구한말의 흥망성쇠가 함축되어 있다. 나라는 망해 일본의 식민지가 되고, 가해국인 일본으로 강제 유학을 가고, 일본인과 정략결혼까지 해야 했다. 덕혜옹주에겐 치욕이었을 것이다. 이런 견디기 어려운 삶은 그녀에게 조현병을 안겨주었다. 여기에 이혼과 딸의 실종까지 더해지면서 정신장애로 정신병원에 입원했다. 그러다 37년 만에 국적을 회복해 고국으로 돌아와 낙선재에 머물렀다.

돌아온 덕혜옹주는 주변 사람을 거의 알아보지 못했지만, 창덕궁으로 돌아오자 옛 기억이 살아났는지 궁 안을 돌아볼 때 연신 눈물을 흘렸다고 한다. 덕혜옹주의 인생은 피지도 못한 채 꺾여버린 대한제국의 꿈을 압축해 놓은 것 같다. 일제강점기 나라를 잃은 식민지 국민의 삶은 더 참혹하고 고단했지만. 낙선재 뒤뜰에 핀 매화가 대한제국의 화양연화를 꿈꾸는 듯 화려하게 꽃을 피운다.

한 무리의 일본인 관람객이 해설사를 따라 낙선재로 진입한다. 해설사는 조용하면서 단호한 말투로 덕혜옹주의 일대기를 일본어로 해설한다. 그들은 낙선재에 머물던 덕혜옹주의 슬픈 삶과 역사를 들으며 어떤 생각을 할까.

자칭 '국제사회 질서를 이끌어 간다'는 G7 국가는 '힘없는 나라를 폭력으로 짓밟아 식민지로 만들고 자원을 수탈해 부강해진 가해국'이다. 식민지 피해국은 이래저래 해방은 됐지만, 그로 인해 국민은 분열되고 여전히 가난에 허덕인다. 그도 아니면 한국처럼 내전으로 분단되어 분단의 아픔을 품고 살아간다. 가해국이 여전히 국제사회 질서를 좌지우지하는 아이러니한 현실이지만 피해국은 아픈 역사를 반면교사 삼아 스스로 지킬 힘을 키워야 한다.

낙선재는 평지여서 휠체어 탄 여행객이 관람하기 딱이다. 정원에는 온갖 봄꽃이 누가 더 예쁜지 자랑한다. 그중 으뜸은 역시 능수벚꽃이다. 수양버들처럼 축 늘어진 능수벚꽃은 탄성을 자아낸다. 능수벚꽃 필 때면 관람객들로 둘러싸여 좀처럼 가까이 갈 틈이 보이질 않는다. 능수벚꽃은 사랑 그 자체이기 때문이다.

資始門

창덕궁은 창경궁과 왕의 정원인 후원으로 연결된다. 후원은 인터넷 예약 후 매시간 일정한 인원이 해설사의 안내에 따라 입장할 수 있다. 정조시대 후원에서 과거시험을 치르기도 했다. 정조 24년(1800년) 3월 22일 십만여 명이 후원에서 과거시험을 봤고 3만 2,800여 명이 답안지를 냈지만 합격자는 열 손가락 안에 꼽힐 정도였다. 후원에서 치러지는 과거시험은 인원 제한이 없었다고 한다.

해설사를 따라 언덕을 내려가면 부용지다. 부용지는 창덕궁 후원의 첫 번째 중심 정원이다. 부용지의 핵심은 주합루이다. 정조 원년(1776년)에 창건된 2층 누각으로 아래층은 왕실 직속 기관인 규장각이 들어섰고, 위층에는 누마루를 조성했다. 규장각은 정조대왕의 개혁정치를 위해 정책개발과 도서수집 및 연구기관이었다. 부용지 앞에는 '부용지 모형'이 있어 시각장애인도 부용지를 손끝으로 느낄 수 있다. 게다가 장애인 화장실도 있어 근심을 덜어준다.

사실 아름다운 계절은 따로 없다. 계절마다 특색 있게 제 몫을 할 뿐이다. 봄의 창덕궁도 마찬가지다. 다만 봄빛으로 관람객을 맞는 창덕궁의 아름다움에 흠뻑 빠질 뿐이다. 창덕궁이 역사와 자연이 주는 날것의 감각을 깨워준다.

02

서울역사 박물관

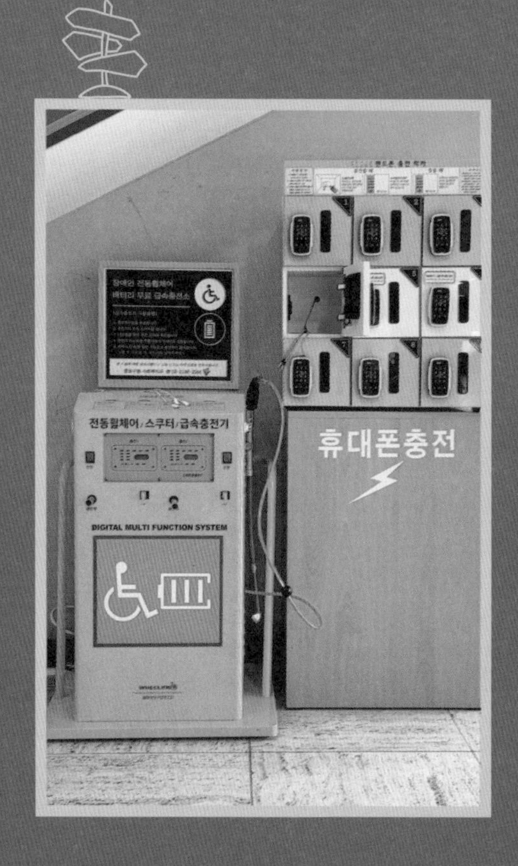

서울의 과거와 현재를 잇는 곳

여행정보

- 지하철 5호선 서대문역, 광화문역.
- 서울시 장애인콜택시 1588-4388, 02-2024-4200
- 세종문화회관 지하 1층 아띠 식당가
- 서울역사박물관 내 다수

서울은 대한민국의 중심이기도 하고, 조선 왕조 이래 600년 넘게 역사·문화·경제 등의 중심 역할을 톡톡히 하고 있다. 서울에서 활동하면서 서울을 제대로 알지 못할 때도 종종 있다. 그래서 서울이 어떻게 수도가 됐는지 궁금해 '서울역사박물관'을 찾았다.

조선이 개국되면서 수도를 한양(서울)으로 옮겼다. 이후 한양, 한성, 경성이라고 불렸다. '한양'은 한강의 북쪽을 의미하고, 성안과 성 밖 십 리까지의 땅을 일컫는다. 성 밖 십 리까지는 나무를 베거나 개간, 묘지를 쓰는 일도 금지됐다. '한성'은 한양과 성곽을 합친 말로서, 도읍을 만들 때 성곽을 쌓아 '도성'의 의미가 강조된 말이다. 일제강점기가 시작되고 서울을 경기도로 합치면서 수도의 역할이 축소됐다. 더 이상 수도인 한성부를 그대로 쓸 리가 없기 때문이다. 하지만 일제강점기에도 경성(서울)은 수도 역할과 위상을 그대로 이었다. 해방 직후에는 서울, 경성, 한성을 공문서마다 혼합해서 사용하다가 경기도에서 서울을 분리하면서 수도인 서울특별시가 됐다. '서울'은 도성이라는 뜻의 순우리말로 삼국시대부터 사용했다.

천만 명의 생각이 공존하는 서울. 서울은 K-관광의 중심으로 관광자원이 가득하다. 서울을 깊이 있게 여행하려면 서울의 면모를 자세히 알아야 백 배 더 즐거운 여행이 된다. 그래서 찾아간 곳이 서울역사박물관이다. 2002년 월드컵이 열리기 한 달 전, 계절의 여왕 오월에 서울역사박물관이 개관됐다. 서울의 과거와 현재를 알 수 있는 박물관은 시대적 요구였고, 시민의 자발적 참여와 기증이 박물관 건립의 동력이 됐다.

먼저 서울역사박물관 야외전시장으로 갔다. 다양한 전시물이 이목을 끄는데, 조선총독부 철거 부재와 홍제고가 철거 부재 등 서울의 핵심적 변천사를 전시하고 있다. 서울 한복판에 전차가 다녔던 흔적도 찾을 수 있다. 지금은 사라졌지만, 대한제국은 전기를 도입하여 서대문에서 종로, 동대문을 거쳐 청량리에 이르는 8km 단선궤도 및 전차선을 설치했고, 전차는 1899년부터 1968년까지 70년 동안 서울 시내에서 운행됐다.

서울역사박물관은 2층으로 구성되었다. 먼저 1층 실내로 들어서면 역사 속 서울의 정신세계를 상징하는 '서울의 얼'이 벽면 가득하

다. 서울의 얼은 19세기 지도인 경·강·부·임·진도와 유교의 5개 덕목인 인의예지신을 상징화한 초대형 벽화다. 서울의 얼을 보는 것만으로도 압도되어 숨이 멎을 것 같다. 로비엔 '이산가족의 날' 국가기념일 지정을 기념하는 '다시 만날 그날'까지를 전시하고 있어 분단의 아픔이 그대로 느껴진다. 기획전시실로 발걸음을 옮겼다. 기획전시실에는 망우동의 과거와 현재를 잇는 '망우동 이야기'가 전시 중이다.

망우동은 서울 동북쪽에 있어 서울과 경기, 강원을 오가는 교통의 중심지다. 조선시대 왕들이 조상의 무덤을 오가며 제사를 지내기 위해 다니던 길이 있던 곳이기도 하다. 일제강점기에 철도와 공동묘지가 들어섰고, 1963년 서울시로 편입됐다. 망우는 '근심을 잊는다'

는 뜻으로 '태조 이성계가 자신이 죽어서 묻힐 무덤의 위치를 정하고 돌아오는 길에 근심이 사라졌다'며 지은 지명이다. 망우동 공동묘지는 '망우역사문화공원'으로 바뀌어 유명 인물의 이야기도 만날 수 있다. 유관순, 한용운, 안창호 등 애국지사 다수와 어린이의 대통령 방정환, 조선의 명온공주, 〈세월이 가면〉의 시인 박인환 등도 망우역사문화공원에 잠들어 있다.

2층 상설전시장으로 올라갔다. 서울의 과거와 현재를 4개의 섹션으로 구분해 전시 중이다. 첫 번째 전시는 '조선시대의 서울 500년 왕도를 세우다'이다. 태조 이성계는 서울을 수도로 정하고 "이제 이 땅의 형세를 보니 왕도를 삼을 만하다. 더욱이 배로 물건을 실어 나를 수 있고 전국에서 거리도 균등하니 사람들이 사는 일에도 편리한

바가 있으리라" 했다. 그리고 곧바로 종묘와 사직, 궁궐이 들어섰고, 비로소 임금의 교화와 정령이 나가며 왕도의 면모를 갖추었다. 그렇게 서울은 조선왕조 500년 동안 조선의 수도였다.

두 번째 전시는 '1863년~1910년 개항과 대한제국기의 서울'이다. 19세기로 접어들면서 조선 연안 곳곳에 서양 선박이 출몰했다. 1866년 병인양요 때는 프랑스 군함이 한강을 거슬러 양화진 앞까지 와서 서울을 위협할 정도였다. 외세의 압력으로 조선 내부에서도 새로운 움직임이 일었다. 진보적인 학자들은 중국 중심 세계관과 성리학의 한계를 극복할 수 있는 대안을 찾고자, 서양 서적을 구하고 과학기술, 천문, 지리, 산업 등 현실 문제에 눈을 돌렸다. 개항 이후 조선에는 청국 상인과 일본 상인, 서양 상인까지 자유롭게 오가며 '양

품'이라는 서양 잡화가 유입됐다. 조선 상인은 이에 반발해 외국 상인을 도성 밖으로 내보내라고 요구하며 장사를 중단하는 등 반발했지만 몰아치는 물결에 적응할 수밖에 없었다.

한편 고종은 조선이 '근대 독립 국가'로서 갖춰야 할 요건을 갖추는 데 사력을 다했다. 그중 하나가 '태극기' 제정이었다. 태극기는 1882년 6월 '조미수호통상조약' 조인식에서 처음 사용됐다. 전시실에는 개화기 때 서울 풍경을 3D로 만든 영상을 터치하면 전차가 운행되고, 사람들은 서울 시내 한복판을 오간다. 당시 정동은 외국인 거리이기도 했다. 외국인의 통행이 빈번해지자 '손탁 호텔'이 들어섰고 상점이 줄지어 개업했다. 서울을 여행한 외국인 중 비숍, 게일 등은 정동의 모습을 담은 책을 출판해 서울을 알리는 데 일조했

다. 이렇게 정동은 대한제국의 정치, 외교, 문화에 영향력을 행사하는 주요 무대가 됐고, 서울은 짧은 기간에 다른 근대국가 도시와 어깨를 견줄 만큼 근대 색이 짙은 곳으로 변모했다. 지금도 정동엔 미국 대사관저, 영국 대사관, 캐나다 대사관 등이 있어 개화기 대한제국 역사 여행의 성지이기도 하다.

세 번째 전시는 '1910년~1945년 일제강점기의 서울'이다. 1910년 8월 일본은 대한제국을 강제로 병합해 조선이라 칭하고, 일본 왕의 직속기관으로 조선총독부를 설치했다. 총독은 조선 안에서 행정, 군사, 입법, 사법의 모든 권한을 손아귀에 넣었다. 서울은 명목상 일본의 지방 도시였지만, 식민 통치의 중추 기관과 주요 기업, 교육기관, 문화시설이 모여 있어 실질적으로 조선의 수도였다. 일제강점기

서울 인구 중 20%는 일본인이었고 근대 도시로 빠르게 변했지만, 식민지 도시의 근대성은 한국인을 억압하고 차별하며 포용하지 않았다. 일본은 한국을 자국 영토에 편입시켜 영구히 지배하는 한편, 온갖 인권 유린과 수탈로 해방 전까지 대륙침략의 발판으로 이용했다. '역사를 잊은 민족은 미래도 없다'는 명언을 서울역사박물관에서 다시 한번 상기해 본다.

네 번째 전시는 '대한민국 수도 서울, 1945년~2010년'이다. 전쟁의 폐허에서 한강의 기적을 넘어 하계, 동계 두 번의 올림픽과 2002년 월드컵과 더불어 이제 막 선진국에 진입한 국가로 발돋움한 서울의 모습으로 이어진다. 1960년대부터 1970년대 서울의 주택은 폭증하는 인구를 따라잡지 못해 주택 공급이 가장 시급한 문제였다. 국내 최초 '마포 아파트'의 성공 이후, 아파트가 주택 부족의 해결책으로 급부상하면서 아파트 공화국이 되어갔다. 고도성장을 배경으로 소득 수준이 높은 중 · 상류층 시민을 대상으로 대단지 아파트 건설이 추진되고, 동부

이촌동 한강맨션 아파트, 여의도 시범아파트, 반포 아파트가 건설되면서 본격적인 아파트 시대가 열렸다. 전시관에는 아파트 모형을 전시하여 사람들이 아파트에서 어떻게 생활하는지 확인할 수 있다. 아파트 공간은 비슷한 가구 배치로 생활양상마저 규격화한다. 좁은 서울 땅에 많은 사람의 주거를 해결하기 위해선 아파트가 가장 적합했을 테지만 부실 공사로 무너진 아파트들도 있다. 지금도 여기저기 '순살 아파트'가 우후죽순으로 들어 서 있다.

아파트는 휠체어를 사용하는 장애인이 특히 선호하는 주거 환경이다. 그래서 순서가 오기까지 입주하기가 어렵다. 게다가 임대아파트 등은 장애인 주차장이 부족해 주차 전쟁이 벌어지기 일쑤다. 장애인이 많이 거주하는 곳은 장애인 주차장도 늘려야 하지만, 제도는 현실을 반영하지 못하고 있다. 문득, 백 년 후 지금의 아파트가 조선시대 건축물처럼 오래 남아 문화유산으로 활용 가치가 있을지 의문이 든다.

N층은 서울의 화려한 밤 풍경을 볼 수 있는 도시모형 영상관이다. 이곳에는 휠체어 탄 관람객도 접근할 수 있게 자연스러운 무장애 경사로가 마련돼 있다. 도시모형 영상관은 서울 전체를 밤하늘에서 내려다보는 것 같은 조명 빛으로 가득하다.

서울역사박물관 전체가 휠체어 탄 관람객도 배제되지 않도록 접근성이 잘 갖춰져 있다. 외국인 여행객을 초대해 국내를 소개하는 TV 프로그램 <어서 와 한국은 처음이지>에도 서울역사박물관이 자주 등장한다.

겨울철 여행은 여러 가지 고려할 것이 더 많아진다. 휠체어 배터리도 점검하고, 바퀴와 조정기, 방한복까지도 면밀하게 살펴야 한다. 겨울 야외 여행에서 낭만만 찾다간 얼어 죽는다. 안전하고 따스한 실내 여행지에서 지적 호사를 누리는 것도 겨울철 무장애 여행의 좋은 전략이다. 가는 해를 보내고 오는 해를 맞이하는 연말연시. 인생은 찰나이기에 아름답고 역사는 시간의 연속이어서 경이롭다.

03

서대문형무소역사관

정문 → 역사실 → 전시실 → 공작사 → 사형장 → 격벽장

서울 다크투어, 기억해야 할 역사

여행정보

- 지하철 3호선 독립문역에서 내리면 바로 앞
- 서울시 장애인콜택시 1588-4388, 02-2024-4200
- 바로 옆 영천시장 내 맛집이 많다.
- 서대문형무소역사관 내 다수

우리 민족에게 세상 모든 슬픔을 다 짊어진 것 같은 시절이 있었다. 그 시절 내 젊은 친구들의 함성도 이곳에 서려 있다. 일상에 쫓겨 잊고 있다가 문득 되돌아온 기억이 튕겨 나오는 곳, 이곳에선 한여름 땡볕에도 한 걸음 한 걸음이 겨울 강 위를 걷는 것처럼 아슬아슬하다. 차분히 가라앉히려고 해도 곳곳에서 만나는 아픈 역사에 격앙된 감정이 불쑥 치솟는다. 작열하는 태양 아래 격동의 역사와 직면하게 되는 곳, '서대문형무소역사박물관'이다. 이곳에선 칼끝이 심장을 관통하는 듯 아프지만, 반복하지 않기 위한 깊은 상처가 보존돼 있다.

서울시 서대문구 현저동 101번지, 서대문형무소는 일본제국주의가 지은 근대식 감옥이다. 1908년 10월 '경성감옥'이란 이름으로 문을 열었으니, 백 년이 넘은 근대역사 건물이다. 1987년 11월 폐쇄될

때까지 80년 동안 감옥으로 사용됐다. 붉은 벽돌 건물로 수감자를 효과적으로 감시할 수 있는 원형 감옥 형태다. 일제강점기 식민 지배에 맞섰던 수많은 항일 독립운동가들이 갇히고, 형장의 이슬로 사라진 곳이다. 해방 후에는 군사독재 정권에 저항했던 민주화 운동가들이 수감되기도 했다.

감옥의 명칭도 여러 번 바뀌었다. 처음 문을 열 때는 '경성감옥'이었지만, 수감 인원이 늘어나자 일제가 공덕동에 또 다른 감옥을 지으면서 1912년 '서대문 감옥'으로 이름이 바뀌었다. 1923년부턴 '서대문형무소'로 불리다가 1945년 해방되던 해부터 '서울형무소'

로 불렸다. 1961년 서울교도소, 1967년 서울구치소로, 1987년 11월 서울구치소가 경기도 의왕시로 이전한 뒤 1992년 8월 15일 '서대문독립공원'으로 개원했다. 경기도 의왕시로 이전할 당시 옥사는 모두 15개였다. 역사성과 보존 가치를 고려해서 보안과 청사, 제9~12옥사, 공작사, 한센병사, 사형장 등을 남겨 두고 나머지 시설은 모두 철거됐다. 이후 1998년 서대문구에서 현장을 보존하고 역사의 교훈으로 삼고자 '서대문형무소역사관'으로 개관했다. 과거의 역사를 교훈으로 삼고, 독립운동가와 민주화 운동가의 자유와 평화를 향한 신념을 기억하고 기념하는 박물관으로 운영되고 있다.

서대문형무소역사관 담장으로 진입하면 망루가 관람객을 내려다본다. 망루는 수감자들의 탈옥을 막고 동태를 감시하기 위한 전망대 같은 곳이다. 망루는 또한 서대문형무소 정문이기도 하다. 망루 높이는 10여 미터 정도로 총 6개의 망루가 있었지만 지금 남아 있는 건 정문과 배면 담장 두 곳뿐이다. 서대문형무소를 열었던 당시는 담장 일부만 벽돌이었지만 일제강점기 때 주변 전체를 4미터 높이의 벽돌담으로 둘러쳤다.

서대문형무소역사관에 들어서자 숙연해지면서 아픔이 느껴지고 울분도 솟는 다중의 감정이 뒤섞인다. 최근엔 옛 감옥을 역사 전시관으로 활용해 보존하는 곳이 종종 있다. 아픈 역사를 교훈 삼아 다시는 아픔을 겪지 않게 기억하는 게 중요해진 시절이다. 담장 하나 넘었을 뿐인데 일제강점기 시절로 돌아간 것 같다.

서대문형무소역사관은 근대 건축물이어서 승강기 설치가 제한된 곳이 있다. 1층 전시관은 뒤쪽으로 경사로를 만들어 휠체어로 접근할 수 있고, 야외 전시관도 접근할 수 있는 여러 곳이 있다. 그러나 지하층과 2층은 접근할 수 없다. 전시관 중 보안과 청사는 서대문형무소의 업무를 총괄하던 건물이다. 지상 2층과 지하 1층 규모로 지어진 건물에선 현재 '자유와 평화'를 전시하고 있다. 일제강점기, 서대문형무소의 확장, 항일독립운동을 시간의 흐름에 따라 상설 전시하는 공간이다.

서대문형무소의 물리적 접근성은 지속적으로 개선되고 있다. 몇 년 전만 해도 형무소 건물 밖에서만 빙 둘러봐야 했지만 이젠 건물의 70% 정도에 무장애 경사로가 설치돼 있어 누구나 건물 안으로 진입할 수 있다. 오래된 건물일수록 접근성을 확장하는 게 쉽지 않다. 예전에 비하면 접근성이 엄청나게 개선된 것이다.

서대문형무소 역사실로 발길을 옮겼다. 이곳에서는 사법제도 도입과 서대문형무소를 비롯한 전국 감옥의 설치와 확장 및 복원 과정에 대한 기록영상을 전시하고 있다. 전시물 중 '기록으로 보는 옥중생활'에서는 시인 김광섭의 〈나의 옥중일기〉, 심훈의 〈옥중에서 어머니께 올리는 글월〉, 한용운의 〈눈 오는 밤〉, 김구 선생의 〈백범일지〉, 여운형의 〈옥중회고록〉, 지봉화의 〈옥중편지〉 발췌문이 소개되고 있다.

시인 김광섭은 〈나의 옥중일기〉에서 당시 옥중생활을 이렇게 기록했다. "문 가운데 놓인 허들을 훌쩍 뛰면서 입을 아~ 하고 벌려야 한다. 뛰는 것은 항문에 감춘 것이 없다는 표시고 아~ 하는 것은 입에 문 것도 없다는 증거다. 감방과 공장 사이로 조그마한 것이라도 가지고 다니다간 벼락이 떨어진다." 항일 독립운동을 하다가 갇혔던 이들의 옥중생활이 얼마나 고단했는지를 적나라하게 보여준다.

심훈은 자신의 어머니에게 보내는 편지에서 "어머니! 날이 몹시 더워서 풀 한 포기 없는 감옥 마당에 뙤약볕이 내리쪼이고 주황빛 벽돌담은 화로 속처럼 달구고 방 속에는 똥통이 끓습니다."라고 옥중생활을 묘사했다.

당시 징벌방은 '먹방'이라고도 불렸다. 징벌방에 갇힌 수감자는 철저히 격리되어 용변을 볼 때도 다른 사람과 만나는 것을 막으려 마루 널판 끝부분에 구멍을 내어 용변을 밖으로 배출하게 했다. 배수시설을 제대로 갖춰놓지 않았으니 여름에는 용변 냄새로 머리가 아프고 구더기와 파리떼, 온갖 해충이 수감자를 괴롭혔다. 당시의 아픈 흔적을 지워버리기라도 했으면 얼마나 아찔할까. 좋든 싫든 사실 그대로의 역사 기록이 오래 보전되어 교육의 공간으로 계속 남겨져야 한다.

서대문형무소 역사실 옆에 옥사 전시실이 있다. 한 평도 안 되는 독방에서 죽음을 맞았을 독립운동가를 생각하면 가슴이 먹먹해진다. 감옥은 독방과 다인실로 구성돼 있고, 재소자의 하루 일과와 감시 도구 등 전반적인 형무소 생활을 알 수 있다. 긴 복도를 따라 수십 개의 옥사가 양방향에 있어 감시하기 편리한 구조다. 다인실에는 항상 정원 이상의 수감자를 수용했다. 수용인의 밀도가 높아서 한꺼번에 누울 수도 앉을 수도 없어 차례대로 눕거나 앉았다고 한다. 유관순 열사가 갇힌 지하 감옥은 계단으로 내려가야 해서 휠체어 탄 관람객은 접근하지 못해 안타까울 뿐이다. 서대문형무소는 조선 총독의 관리하에 있는 기구였다.

옥사 전시실을 나와 공작사로 이동했다. 재소자들의 노동력을 동원해 형무소, 군부대, 관공서 등지에 필요한 물품을 만들어 공급하던 공장이 바로 공작사다. 재소자들은 강제노역과 인권유린에 시달렸다. 일제강점기 후반에는 군수 물품을 만들어 공급하기도 했으니 노동강도가 얼마나 지독했을지 생각만 해도 치가 떨린다.

야외 전시도 아픈 역사의 현장이다. 전시관 중엔 한센병사와 사형장, 시구문과 격벽장, 여옥도 있다. 가장 마음 아팠던 곳은 사형장과

시구문이다. 시구문은 일제강점기 사형집행 후 시신을 공동묘지로 내보내기 위해 밖으로 연결한 통로다. 수많은 독립운동가가 고문을 견디다 못해 사망에 이르거나 사형을 당했다. 일제는 시신을 몰래 소각하거나 가족에게 알리지도 않은 채 시구문을 통해 시신을 빼내 몰래 매장했다고 한다. 시구문 앞에 서니 '형장의 이슬로 사라진다'는 말이 실감된다.

사형장 앞엔 통곡의 미루나무가 있었다. 사형수들이 형장으로 들어가기 전 이 나무를 붙잡고 통곡했다고 해서 '통곡의 나무' 혹은 '통한의 나무'라고 불렀다고 한다. 일제강점기 많은 항일 독립운동가들이 이 나무 앞에서 '독립을 보지 못한 채 죽는 한으로 통곡했다'는 이야기가 교도관 사이에서 전해져 내려왔다. 통곡의 나무는 2020년 9월 7일, 태풍 하이선의 영향으로 쓰러졌다. 역사관에서는 쓰러진 미루나무를 소독·보존 처리해 상설전시로 시민에 공개한다고 한다. 사형장 근처 마당에는 부채꼴 모양의 격벽장이 있다. 격벽장은 수감자들이 햇볕을 쬐거나 간단한 운동을 했던 공간이다. 1920년대에 만들어졌는데, 혹여 운동 중 대화를 나누거나 도주를 막으려고 격벽을 세워 수감자를 분리하고 감시했다.

우리는 선조들의 희생으로 자유롭고 풍요로운 민주주의 사회에서 살아간다. 그들의 노력으로 힘든 시기를 견디고 성장했지만 마치 '몸만 큰 아이' 같다. 저마다의 꿈을 좇아서 동분서주하느라 의식의

성숙은 미흡했던 게 아닐까? 이젠 양적 성장에 더해 질적 성장을 이뤄야 한다. 성숙을 위한 성장을 위하여, 좀더 단단한 성숙을 향하여 한 걸음 한 걸음 성실하게 걸어가야 할 시기다. 어제보다 오늘이 더 빈틈없이 성숙하고 행복한 날이길, 그래서 매일매일 응원의 날이길 바라본다.

04

열린송현공원

110년 만에 개방된 소나무 언덕

여행 정보

- 지하철 3호선 안국역에서 5~6번 출구 사이 외부 엘리베이터 이용 도보 5분
- 서울시 장애인콜택시 1588-4388, 02-2024-4200
- 안국역 앞 다수
- 안국역, 경복궁역/ 감고당길 공예박물관

K 열풍이 지구촌을 강타하고 있다. K 드라마, K 팝, K 뷰티, K 푸드에 이어 K 관광까지, 외국인이 죄다 한국 문화를 체험하려 몰려들고 있다. 유명 관광지는 내국인, 외국인 할 것 없이 북새통이다. 한복을 곱게 입은 외국인은 궐 수문장 교대식에 환호하고 한국 문화에 감탄한다.

경복궁 옆 '열린송현공원'이 공개됐다. 4미터 높이 담장에 둘러싸여 안을 들여다볼 수조차 없던 송현동 터가 110년 만에 시민의 품으로 돌아왔다. 지날 때마다 높은 담장 안에 무엇이 있는지 궁금했다. '송현'은 '소나무 언덕'이라는 뜻이다. 조선 초기 궁궐 옆은 소나무 숲이었다고 한다. 종로구 한복판에 새로운 공원이 들어설 정도로 넓은 공간이 있었다는 데 놀라울 따름이다.

'열린송현공원'은 아픈 과거를 품고 있는 곳이다. 이곳은 1910년 일제가 강제로 한일병합(경술국치 庚戌國恥)한 후엔 조선 통치를 위한 조선식산은행 사택이, 해방 후엔 1997년까지 미군과 미대사관 숙소로 사용되었던 터다. 이후 땅 주인이 삼성과 대한항공으로 바뀌었다. 호텔이 들어선다는 얘기도 있었지만 계획이 무산되면서 방치되다가, 서울시가 공원화 계획을 발표하면서 제 모습을 되찾았다.

일제강점기와 근현대화를 겪으며 폐허로 방치된 터는 서울광장 면적의 세 배가 넘는 땅이다. 언덕을 중심으로 소나무를 심어 울창한 숲으로 복원했고, 다양한 꽃과 조각 작품이 있는 자연문화 공간으로 탈바꿈했다. 열린송현공원에선 푸르고 아름다운 숲길을 만끽할 수 있다.

공원에 들어서면 거대한 조형물이 시선을 끈다. '하늘소' 조형물이다. '하늘소' 조형물은 계단 위에서 아래를 내려다볼 수 있는 전망대형 작품이다. '하늘소'는 주변과 관계를 잇는 작품으로 높은 곳에선 주변 산세와 송현동 부지를 조망할 수 있다. 또 다른 특징은 한양과 경복궁의 배치를 통해서, 조선의 수도 한양의 궁궐을 중심으로 산, 강, 바람, 빛 등의 요소를 고려한 친환경적 도시를 계획한 것임을 한눈에 알 수 있다. '하늘소' 작품은 계단으로 된 구조물이어서 휠체어 탄 여행객은 조망대에 올라갈 수 없어서 아쉬웠지만, 근사한 작품을 바라보는 것과 새로운 지식을 더하는 것만으로도 위안이 된다.

'하늘소' 옆에는 '땅소'가 있다. '땅소'는 송현동 부지와 땅의 기운을 느끼도록 한 작품이다. '땅소'는 낮은 언덕으로 조성됐고 가운데는 작은 연못을 들였다. 관람객은 굴곡진 둔덕에 앉거나 비스듬히 누워 서울 땅의 기운을 주변 산세와 더불어 느낄 수 있다. 휠체어 탄 관람객도 낮은 둔덕으로 올라갈 수 있어 땅의 기운을 흠뻑 받는다. '땅소' 중앙의 작은 연못에 투명하게 반사되는 푸른 하늘과 공원 건너편 빌딩이 담긴다. 방향에 따라 주변 풍경이 다르게 담기는 게 특징이다. 작은 연못은 생명을 잉태하고 성장시키는 물의 중요성을 아름답게 표현했다.

사람들이 몰리는 데는 그만한 이유가 있다. 열린송현공원이 딱 그런 곳이다. 오감으로 체험할 수 있는 작품들로 가득하고, 작품이 벤치가 되기도 한다. 밤에는 조명으로 변신한 작품들로 인해 이색적인 빛이 가득하다. 앉아서 쉴 수 있는 곳이 많아 음료를 마시며 힐링할 수 있고, 애견과 함께 오거나 유모차를 타고 온 아이와 가족까지 남녀노소 다양한 사람이 송현공원에 몰려든다.

'사운드 오브 아키텍처' 조형물은 다채로운 소리를 체험하는 작품으로 사람들이 길게 줄지어 서 있다. 스물세 개의 목재 유닛을 선형 대열로 배치해 관람객이 이리저리 넘나들 수 있는 긴 터널형 작품이다. 각각의 유닛이 개별 공간이지만, 스물세 개가 하나의 대열을 이루며 더 큰 시스템의 일부가 된다. 관람객은 터널 속을 거닐면

110년 만에 개방된 소나무 언덕

서 스물세 개 유닛의 신비로운 형태와 내부로 스며드는 빛과 배경음악의 절묘한 조화를 느낄 수 있다. 휠체어를 탄 나는 유닛 내부로 접근할 수 없어 밖으로 한 바퀴 돌며 유닛의 구조를 확인했다.

그 앞에는 '서울 드로잉 테이블'이 있다. 예술적인 놀이로서의 체험을 넘어 그룹 드로잉에 참여한 시민들과 미래의 담론을 나누는 작품이다. 창작의 과정이 장소를 통해 시작된다는 것을 느끼게 한다. 조선시대 도시 계획의 대상이 장소에서부터 비롯된다는 메시지를 전달한다. 공원 내 작품 모두는 한양 도심이 생성되는 과정과 연결돼 있다.

열린송현공원에 대형 세모형 구조물인 '페어 파빌리온'이라는 작품이 있다. 렌더링 이미지로 변환되는 상상 속 미래 서울을 형상화한 작품이다. 시민들의 열망이 도시의 과거와 미래의 관계를 결정짓는다는 걸 알려주는 작품이다. 상상에 맞춰 도시를 유연하게 가공해 나가는 것을 단적으로 보여주는 작품이다.

다음 작품은 대형 원형 구조물인 파빌리온 '짓다'다. 한옥 이전의 집, 또는 의식 깊이 잠겨 있는 집의 원형에 대한 감각과 기억을 소환하는 공간이다. 가운데 마당을 중심으로 해와 바람을 들이고, 거친 환경과 불안한 외부 환경으로부터 삶을 감싸고 보호하는 안온한 공간이다.

110년 만에 개방된 소나무 언덕

열린송현공원은 한참을 있어도 심심할 틈이 없는 곳이다. 공원 곳곳에 꽃과 나무가 가득하고, 시간 가는 줄 모를 정도로 다양한 작품 세계에 푹 빠질 수 있다. 감상하고 체험하면서 지적 호사를 마음껏 누릴 수 있다. 열린송현공원에서 역사의 뿌리와 정체성을 지키고 보전하는 것이 얼마나 중요한지 다시 한번 느끼게 된다.

열린송현공원과 연결된 감고당길로 발길을 잇는다. 감고당길은 북촌과 삼청동과도 연결되는 길로, 인현왕후가 장희빈과 갈등으로 인해 자리에서 물러난 뒤, 다시 왕비로 복위될 때까지 5년 동안 거처했던 '감고당'에서 유래한 이름이다. 명성황후도 여덟 살 때 여주에서 한양으로 올라온 후 왕비로 간택, 책봉되기 전까지 감고당에 머물렀다. 감고당은 덕성여고가 설립되면서 일부 시설물이 현재의

여주 능현리로, 간판은 여주의 민유중(인현왕후의 친정아버지)의 묘막으로 옮겨졌다. 지금의 감고당 건물은 1976년과 1995년에 복원된 것이다. 감고당길이라는 명칭은 효성이 지극했던 영조가 인현왕후를 기리기 위해 '감고당(感古堂)'이란 편액을 하사한 후부터 사용됐다.

감고당길에는 볼거리와 먹거리가 가득하다. 담벼락엔 근사한 '노부부 벽화'가 그려져 있다. 노인 부부가 얼굴을 맞대고 뽀뽀하는 그림이 아름답다. 벽화는 시간이 흐르면서 다소 훼손되었지만 원래 모습대로 복원해 사진 찍는 명소가 됐다.

핸드 드럼을 연주하는 거리의 악사를 만났다. 핸드 드럼은 가마솥 뚜껑 두 개를 붙인 것 같은 타악기 드럼으로 항(Hang)이라 부르기도 한다. 빵 한 조각, 작은 동전 하나도 큰 힘이 된다는 거리의 악사는 묵묵히 핸드 드럼을 연주한다. 소리가 어찌나 곱던지 한동안 발길이 머물렀다.

백 년 전 역사가 드러난 공간 위로 오늘이 머물다가 내일로 흘러간다. 시간은 인류를 지배하고 때론 발전하게 한다. 바람처럼 느닷없이 일렁였던 역사 여행, 마음에 꾹꾹 눌러 담고 아쉬운 걸음을 돌린다.

05

수원화성

행궁 광장 → 화성행궁 → 행리단길 → 화서문 → 장안문
→ 화홍문 → 연무대 → 동북공심돈 → 행궁동 벽화 골목

멀리서 봐도 가까이 봐도
참 잘 생긴 건축물

여행 정보

- 수원역, 광교역, 수원시청역 하차
- 경기광역교통약자이동지원센터, 장애인콜택시 즉시콜 이용 1666-0420
- 화성행궁 공방골목, 팔달시장 근처 다수
- 행궁 광장 수원시립미술관/ 장안문, 연무대

봄의 한가운데를 지나고 있다. 눈길 닿는 곳마다 발길 가는 곳마다 사방이 봄꽃 축제 중이다. 수원화성에도 천지가 봄으로 가득하다. 화성은 정조대왕의 효심에서 비롯된 공간이다. 팔달산 자락에 움트는 봄에 홀려 자석처럼 행궁으로 이끌린다. 문득 가는 봄을 붙잡을 수 있을까, 생각해 본다. 인생의 봄날은 누구에게나 있다. 내게 봄날은 지금 이 시간, 화성에서 봄을 맞는 오늘이 봄날이다. 푸르게 기억된 청춘의 시간과 노을처럼 기억될 황혼의 시간을 겹쳐 기억의 창고 속에 봄날을 가득 채워본다.

화성 성곽과 봄꽃의 조화는 보는 순간 마음에 확 꽂힌다. 모두가 함께 여행할 수 있는 열린관광지로 선정되면서, 매년 찾는 곳이지만 갈 때마다 매번 접근성이 개선되고 있다. 교통수단도 용이하다. 수원역이나 광교역, 수원시청역에서 내려 장애인 콜택시를 이용하거나 전동휠체어 타고 구경 삼아 3킬로미터 남짓 걸어가도 좋다. 그뿐만이 아니다. 수원역에서는 수원화성까지 가는 저상버스도 다양하다.

수원화성은 봄맞이가 한창이다. 햇살은 은혜롭게 내리고 사람들은 봄의 여신에게 경의를 표하며 봄을 만끽하고 있다. 화성은 하루가 짧을 정도로 볼거리가 가득해 아침부터 서둘렀다. 어디서부터 둘러봐야 할지 고민하다가 화성행궁 광장부터 찬찬히 살펴보기로 했다.

행궁 광장은 평지여서 휠체어 탄 관광 취약계층도 다니기에 무난한 곳으로, 정조시대의 다양한 위민정치와 문화행사가 이루어지던 역사적 공간이다. 임금께서 내리신 쌀을 받고 기뻐하는 백성을 표현한 그림이 도자기 판으로 바닥에 표현돼 있다. 200년 전 정조대왕이 백성과 한마음이 되는 자리였던 행궁 광장은 성안과 성 밖으로 문화 접속을 가능하게 하는 출발점이다. 수원의 과거와 현재가 연결되는 휴식 공간이자, 지금도 문화행사가 시시때때로 열리는 장소다. 바닥에는 무예24기 동작을 표현한 죽장창, 장창 등의 블록이 있다.

행궁 광장을 지나 화성행궁으로 발길을 이어갔다. 정조 13년(1789년)에 아버지 사도세자의 무덤을 지금의 팔달산 아래로 옮기면서 관청으로 사용하기 위해 화성행궁이 건립됐다. 왕이 수원에 내려오면 머무는 곳이기도 했고, 어머니 혜경궁 홍씨의 환갑잔치를 치른 곳이기도 하다. 화성행궁은 조선시대에 조성한 행궁 가운데 규모가 가장

令

크고 돋보이며 격식을 갖춘 곳이다.

행궁의 대문인 신풍루 앞마당에선 무예24기 공연이 펼쳐진다. 열린관광지로 조성돼 휠체어 탄 장애인, 노인 등 관광약자에게도 접근성이 좋다.

신풍루를 지나면 행궁의 규모에 다시 한번 놀란다. 정전인 '봉수당'을 비롯해 어머니 혜경궁 홍씨가 머물던 '장락당', 정조가 노년에 머물 곳을 대비해 지은 '노래당'까지 다양한 건축물이 있다. 정전인 봉수당은 왕권을 상징하는 편전 기능을 하는 곳이다. 봉수당으로 올라가는 길엔 경사로가 있어 휠체어 탄 관람객도 문제없이 접근 가능하다. 행궁의 전각마다 경사로가 원래부터 있었던 것처럼 자연스럽다. 행궁에는 옛날 쌀통인 뒤주도 있다. 정조대왕 이산의 아버지인 사도세자 이선은 뒤주에 갇혀 숨졌다. 사도세자의 죽음을 목격한 어린 정조대왕의 심정은 짐작조차 가

지 않는다. 수원화성을 지은 것도 아버지에 대한 그리움 때문이기도 했다.

행궁을 나와 행리단길로 발길을 옮겼다. 행리단길은 행궁동의 명소로 꼽히는 골목길이다. 화서문과 장안문 사이의 골목인데, 맛과 멋이 넘치는 아름다운 길이다. 이색적인 카페와 식당, 와인바, 공방, 한옥기술전시관 등 다양한 볼거리와 체험거리로 심심할 틈이 없다. 행리단길은 조선 최초 여성 화가였던 나혜석 생가터와 나혜석 길도 있다. 나혜석은 일제강점기에 수원화성 행궁동에서 태어났다. 나혜석에게 붙여진 수식어는 다양하다. 화가이자 작가, 시인, 조각가, 여성운동가, 사회운동가, 언론인 등 다방면에서 뛰어났던 신여성 지

식인으로 평가받는다. 게다가 왕의 길 1코스와 혼합돼 있으니 행리단길 매력에 안 빠지고 배겨날 재간이 없다. 나혜석 생가터는 현재 카페로 변모해 표지판을 보고서야 나혜석 생가터인 것을 확인할 수 있었다. 카페 입구에 턱이 있어 밖에서 구경하는 것으로 만족해야 한다.

나혜석 길을 가다가 보면 화서문이 나온다. 화서문은 수원화성의 서쪽 문으로 소박한 성문이다. 화서문 쪽에서 장안문까지 성벽 길로 산책할 수 있는데 휠체어 탄 사람도 성곽 길을 걸을 수 있다. 다만 3미터 정도 경사길이 있어서 도움이 필요하다. 화서문 밖으로 나가서 성벽을 끼고 가면 장안공원이다. 장안공원도 열린관광지이고 평지여서 공원에서 나른한 봄날을 즐길 수 있다. 장안공원을 천천히 걸으며 봄을 온몸으로 느끼는 사이 빠르게 시간이 지나간다. 기온은 온화하고 충만한 봄 햇살이 사방에 내린다. 이런 봄날에는 눈이 저절로 감긴다. 잠시 햇볕을 쬐며 휠체어에 앉은 채 가만히 졸고 싶다. 그러다 봄바람이 얼굴을 훅 지나가면 화들짝 잠에서 빠져나와 나른한 오후를 여행하고 싶다. 멀리서 아지랑이가 모락모락 피어나고, 목련은 하얀 드레스를 입은 새 신부처럼 수줍게 웃는다.

정신을 차리고 장안문으로 갔다. 장안문은 수원화성의 사대문(장안문, 창룡문, 팔달문, 화서문) 중 가장 화려한 정문이다. 대개 궁궐 문은 남문이 정문이지만, 화성의 정문은 북문인 장안문이다. 왕이 한양의 남쪽인 수원화성으로 행차해서 처음 진입하는 문이기 때문이다. 장안문은 정교하고 화려한 2층 건물이다. 화성은 본래 전쟁 대비 군사용 성곽이지만 조선시대에는 전쟁을 겪진 않았다. 한국전쟁 중에 훼손되어 총알 자국이 여전히 남아 있다. 화성을 원형대로 복원할 수 있었던 것은 '화성의궤'가 보존됐기 때문이다. 군사시설은 국가기밀로서 적에게 넘어가면 안 되기에 통상 자료로 남기지 않는다. 그럼에도 화성은 설계도뿐 아니라 동원 인원과 건축비, 건축자재까지 상세하게 기록으로 남아 있다. 정조가 화성을 지을 수 있었던 또 하나의 이유는 정약용이라는 당대 최고의 과학자이자 충신이 있었기 때문이다.

장안문에서 성곽을 끼고 화홍문 가는 길은 화성의 아름다움과 직면하는 풍경을 보여 준다. 화홍문은 수원천 위에 조성된 문이다. 화홍문 근처에는 왕의 연못인 '용연'이 있다. 정조는 용연을 조성하면서 연못 가운데 섬을 만들었다. 섬은 오리 가족의 쉼터가 되어준다. 용연 위에 비치는 방화수류정의 풍경은 그야말로 장관이어서 사진작가들의 출사 장소로 유명하다. 방화수류정으로 오르는 길이 있지만 계단이어서 화홍문으로 발길을 돌려 화성의 동문이 있는 연무대로 이어갔다.

연무대는 활을 쏘고 연을 날릴 수 있는 널찍한 평지여서 휠체어 탄 나도 걱정 없는 곳이다. 여행할 때는 주로 전동휠체어를 사용한다. 전동휠체어는 타인의 도움을 최소화하거나 때론 필요 없기도 하다. 게다가 능동적이고 주체적인 여행이 가능해 웬만한 경사길은 도움 없이 거뜬히 올라간다. 아니, 오히려 비장애인 동행인의 걸음 속도에 맞춰 배려해야 할 정도다. 물론 수동휠체어를 탄 여행객은 경사각이 큰 성곽 길을 올라갈 때는 동행인의 도움이 꼭 필요하다.

연무대에서 보는 동장대와 동북공심돈, 창룡문이 성곽 따라 근사한 작품 같아서 감탄사가 쏟아진다. 동북공심돈은 화성 동북쪽에 세운 망루로 주변을 감시하고 공격하는 시설이었다. 동북공심돈을 가까이에서 보려고 성곽 길로 올라갔다. 멀리서 봐도 가까이에서 봐도 동북공심돈의 위엄에 압도돼 눈을 뗄 수가 없다. 휠체어 탄 여행객은 내부로 들어갈 수 없지만, 그럼에도 긴 여운이 오랫동안 지속되는 건축물이다.

동북공심돈을 지나 동문인 창룡문으로 내려온 뒤 행궁동 벽화 골목으로 갔다. 행궁동 벽화 골목은 7080 추억을 소환하는 곳이다. 골목마다 특색 있는 그림으로 테마로 만들었고, 골목길에 이름까지 있어 더 정겹다. 골목 한가운데는 쉼터를 만들어 여행자를 위한 편의도 제공한다. 수원화성은 조선시대와 일제강점기의 근현대사가 공존하는 곳이다. 그러고 보면 정조대왕이 만든 수원화성 덕분에 수원은 문화재의 성지로서 세계인에게 사랑받는 명승지가 되었다. 정조

대왕의 탁월한 안목으로 근사한 건축물이 남겨졌고 후손들은 문화재를 보존하며 애민 정신의 가치를 본받는다.

일상에 매몰되지 않으려고 찾은 수원화성 여행. 일에 치여 바쁘게 살던 일상을 벗어나 느긋함을 누릴 수 있는 화성 여행은 그동안 꼭 해보고 싶었던 시간여행이다. 여행에도 골든타임이 있다. 봄꽃 만발한 사월, 지금이 봄 여행의 골든타임이다. 봄날 찰나의 시간이 모두 다 지나가기 전에 수원화성으로 떠나'봄' 직하다.

06

임진각

평화 곤돌라 → 평화 등대 → 도보 다리 → 갤러리 그리브스
→ 독개 다리 → 남북자기념관 → 수풀누리

분단의 아픔을 넘어 평화의 희망으로

여행 정보

- 임진각역(경의중앙선) 2분 거리
- 경기광역교통약자이동지원센터, 장애인콜택시 즉시콜 이용 1666-0420
- 한반도생태평화 종합관광센터 2층 식당가
- 평화 곤돌라 상하부 건물, 한반도생태평화 종합관광센터, 납북자기념관 등 임진각 곳곳

봄이 오는 소리가 여기저기서 요란하다. 상춘객은 봄꽃 명소를 찾아 전국을 여행하며 봄 마중에 진심이다. 이에 보답이라도 하듯 봄꽃은 일제히 기립해 봄의 여신을 맞을 채비를 단단히 하고 본 게임에 들어갔다. 북쪽으로 진군하는 봄꽃들의 발걸음은 열 맞춘 군인 같다. 봄의 한복판을 지나는 사월은 모든 것 제쳐두고 꽃놀이하며 안식월로 보내고 싶다. 원하는 계절에, 원하는 방식으로, 원하는 활동으로 한 달을 보낸다면 열심히 살아온 자신에게 포상 휴가의 시간이 될 것이다. 오늘을 만끽하면 내일이 두렵지 않다.

북진하는 봄이 한반도 허리 임진각에 도착해 있었다. 남한에서 가장 늦게 봄이 도착하는 임진각은 봄의 여신도 자비를 베풀어준다. 바람은 온화하고 햇살은 은혜롭다. 임진각과 가까운 북녘땅에도 살포시 온기를 뿌려준다. 임진각은 낯선 언어로 소통하는 외국인 천지다. 세계 유일의 분단 현실도 관광자원이 되어 외국인의 호기심을 자극한다. 각 나라마다 특색에 맞는 관광자원 개발로 여행객 유치에 열을 올리는 세상이다. 임진강을 건너는 평화 곤돌라가 금단의 땅을 개방한 안보 여행지로 향한다.

평화 곤돌라를 타기 위해선 먼저 보안 서약서를 작성해야 매표가 가능하다. 평화 곤돌라는 전동 휠체어를 탄 승객도 안전하게 탑승할 수 있다. 단, 철제 캐빈만 탑승 가능하다. 승강장에 캐빈이 도착한 후 거의 정지된 듯한 상태에서 탑승한다. 탑승 후 양쪽 의자를 접어 휠체어를 내리는 방향으로 회전하면 내릴 때 안전하다. 평화 곤돌라는 분단의 아픔을 건너 통일의 희망을 여는 곤돌라다. 캐빈 아래로 임진강의 황토빛 강물이 서해로 흐른다.

상부 승강장에 도착해 전망대로 향했다. 전망대로 가는 길 500미터 정도는 경사가 급해서 수동휠체어 이용인은 동행인의 도움이 필요하다. 전동휠체어는 휠체어 사양에 따라 간혹 도움이 필요하지만 내가 탄 전동휠체어는 도움없이 씩씩하게 잘 올라간다. 길 양쪽으로 철조망이 쳐져 있고 '지뢰 경고' 문구가 최전방임을 각인시킨다. 임진각 평화전망대에 도착하니 철조망에 '소망 리본'이 바람에 흩날린다. 자유와 평화통일을 기원하며 전망대를 찾은 사람들의 소망을 담은 리본이다.

바로 앞에는 녹슨 월경표지판이 눈에 띈다. 월경표지판은 비행금지구역임을 알리는 항공 경고판이다. 상공에 떠 있는 항공기 식별이 용이하도록 하늘을 향해 15도가량 경사져 있다. 월경표지판은 1953년 7월 군내면 백연리에 있는 캠프 그리브스에 미군이 주둔하면서 만들어진 시설로 전망대를 조성하면서 발견됐다. 녹슨 철물은 세월의 무게가 얹혀 분단의 아픔이 느껴진다.

월경표지판 앞에는 임진강 '평화 등대'가 북녘땅을 향해 있다. 평화 등대는 4 · 27 남북공동성명과 9 · 19 평양공동선언에서 'DMZ 민통선 지역을 평화의 땅으로 만들기 위한 약속'을 기념하기 위해 설치한 조형물이다. 분단의 땅 한반도에 서로 왕래하며 평화의 물결이 잔잔하게 흐르길 소망해 본다. 바로 앞 평화정은 파란색 도보 다리와 연결돼 있다. 실제 도보 다리는 판문점 회의실과 중립국 감독위원회 캠프 사이에 있는데 2018년 4월 27일 남북정상회담 당시 남북

의 두 정상이 나란히 걸을 수 있도록 확장해서 군사분계선까지 연결돼 있다고 한다.

평화와 새로운 미래를 염원하며 모형으로 만든 평화정 앞 도보 다리에 서면 장단반도와 북한산, 경의중앙선, 자유의 다리, 독개 다리,

임진강을 한눈에 볼 수 있다. 임진강 강물은 막힘없이 흐르는데 남과 북은 군사분계선을 긋고 왕래도 없이 70여 년을 서로를 미워하며 등 돌리고 사는 걸까. "칠십 년 세월 그까짓 게 무슨 대수요 함께 산 건 오천 년인데" 노랫말처럼 70여 년의 시간은 5,000년에 비해 짧은 시간이다.

발길을 옮겨 갤러리 그리브스로 향했다. 미군이 사용하던 캠프를 갤러리로 재생한 곳이다. 갤러리로 접근하는 길도 경사가 있어 수동휠체어 사용인은 반드시 동행인의 도움이 필요하다. 한국전쟁 정전협정체결 후 정부에서 미군에게 토지를 제공하고 군영을 설치하면서 미군이 주둔하던 곳이다. 이후 2002년 체결된 한미연합토지관리계획에 따라 2004년 캠프를 폐쇄하고, 2007년 한국에 반환했다. 이후 캠프 그리브스의 구조를 변경하고 갤러리로 문을 열었다. 갤러리 그리브스에선 70여 년의 시간을 거슬러 오르는 시간여행이 전시 중이다. 한국전쟁 당시 꿈 많은 학생이 학도병으로 징집되면서 동족에게 총을 겨누는 비극의 시간을 견뎌야 했다. 유엔군으로 참전한 미군의 희생도 예외는 아니었다. 캠프 그리브스는 정전협정 과정과 전쟁에 참여한 어린 군인이 어머니께 보내는 편지를 중심으로 전시 중이다. 어머니께 보내는 편지의 주인공은 영화 〈포화 속으로〉에도 등장한다.

갤러리를 나와 다시 평화 곤돌라를 탔다. 하부 승강장으로 가는 짧은 시간 동안 긴 침묵이 이어진다. 전시관에서 본 영상 속 주인공인 이우근의 목소리가 자꾸 떠오른다. 이우근은 낙동강 전선에 투입된 학도병이었다. 어린 학도병은 전투 중 총성이 잠깐 멎은 시간에 독백하듯 어머니께 편지를 쓰며 말한다. "어머니 저는 사람을 죽였습니다. 그것도 돌담 하나를 사이에 두고 십여 명은 될 것입니다." 대한민국엔 여전히 아슬아슬한 평화가 이어지고 있다. 전쟁을 잠깐 쉬는 '휴전'이 아닌, 전쟁을 아주 끝내는 '종전'의 날은 언제쯤 올까? 전쟁은 모든 것을 부숴버리고 영혼을 파괴하는 가장 나쁜 인간의 파렴치를 드러낸다. 전쟁의 위협을 막기 위해 더 많은 무기를 만들고, 평화를 지키기 위해 살상력이 더 강한 핵무기를 만드는 아이러니한 현실.

임진각 독개 다리에는 치유되지 못한 전쟁의 상흔처럼 철마가 멈춰 서 있다. 한국전쟁 당시 피폭으로 탈선된 후 반세기 넘게 비무장지대에 방치되어 있었던 분단의 상징물이다. 철마는 세월을 이기지 못하고 조금씩 녹슬어 형체가 떨어져 나가지만, 보존을 위해 석 달에 한 번 기름칠로 부식을 막는다고 한다. 아픈 역사의 증거물로 보존하기 위해서 문화재로 등록 후 역사교육자료로 활용하고 있다.

한국전쟁 당시 기관사 한준기의 증언에 따르면 군수물자를 운반하기 위해서 개성에서 평양으로 가던 중 중공군의 개입으로 황해도 평산군 한포역에서 후진해 장단역에 도착했을 때 파괴되었다고 한다. 1,020여 개의 총탄 자국과 휘어진 바퀴는 참혹했던 당시의 상황을 말해주고 있다. 독개 다리 지하 벙커는 전시관으로 탈바꿈해 활용되고 있다. 한국전쟁 당시 사용하던 군 지하 벙커로서 내부는 군 상황실과 영상체험관으로 구성돼 있다. 안타깝게도 계단뿐이어서 휠체어 탄 여행객은 접근할 수 없다. 바로 옆 자유의 다리도 보수 공

사 중이어서 출입을 금하고 있다.

납북자기념관을 나와 수풀누리로 갔다. 수풀누리는 수천 개의 바람개비와 통일 부르기 조형물이 야트막한 언덕에 서 있다. 내 맘대로 통일언덕이라고 이름 바꿔 불러본다. 통일언덕에는 눈에 띄는 조형물이 뜨문뜨문 포진해 있다. 빨간 핀이 콕 박힌 언덕에 올라 바람을 느끼며 잠시 생각에 잠겨본다. 무장애 여행 확장을 위한 몇 가지 다짐이 흐트러지지 않게 핀으로 콕 꽂아 마음을 다잡아본다. 무장애 여행은 살아 있는 모든 것들과 긍정적 관계를 맺게 하는 시간이다. 깊이 보고 넓게 확장해 모두가 소외되지 않는 무장애 여행에 닿을 수 있기를 바란다.

임진각에는 안보 관련 여행 코스가 가득하다. 그중 한 곳이 통일부 산하 국립 6 · 25 전쟁납북자기념관이다. 납북자 및 그 가족들의 명예회복과 전쟁과 분단의 아픔을 되새기고 평화통일의 의지를 다지기 위한 공간이다. 전시관은 상설전시와 특별전시로 나눠 관람객을 맞는다. 상설전시로는 '우리 할아버지 이야기'가 전시 중이다. 누구에게나 가장 중요한 건 가족이다. 가족의 범위는 시대에 따라 세대에 따라 다르지만, 그 가치는 변하지 않는다.

'우리 할아버지 이야기'는 한민족이 헤어진 고통이 지금까지 이어지고 있음을 이야기하고 있다.

07

남양주

양수역 → 자전거 길 → 물의 정원 → 옛 능내역 → 마재성지
→ 다산 기념관 → 정약용 생가 → 실학박물관 → 다산 생태공원

남한강 자전거 길 휠체어 라이딩

여행정보

- 경의중앙선 양수역, 운길산역 하차 후 남한강 자전거 길 다산길 방향
- 경기광역교통약자이동지원센터, 장애인콜택시 즉시콜 이용 1666-0420
- 자전거 길 돌미나리 집/ 능내역 앞 잔치 국숫집
- 정약용 유적지 주차장/ 실학 박물관/정약용 기념관/ 양수역, 운길산역, 팔당역

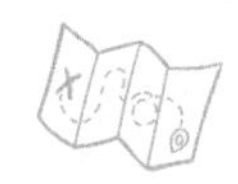

다산을 만나러 아침 일찍 서둘렀다. 다산이 태어나고 묻힌 남양주시 조안은 수려한 경관이 으뜸이자 풍수지리가 좋은 곳이다. 좋은 땅에선 영웅이 태어난다. 그래서 명당인지도 모르겠다. 조안면의 영웅은 단연 실학의 대가 다산 정약용이다. 조선시대 개혁의 아이콘으로 정조대왕과 정약용을 꼽는다. 훌륭한 왕은 훌륭한 인재를 알아본다. 세종이 황희를 알아봤고, 정조는 정약용을 알아봤다.

다산을 만나러 가는 길은 남한강 자전거 길이 으뜸이다. 휠체어 탄 여행자가 접근하기 좋은 지점은 경의중앙선 양수역, 운길산역, 팔당역에서 진입하는 구간이다. 양방향 어느 쪽에서 진입해도 좋은 코스다. 양수역에서 팔당역까지 12킬로미터 정도가 휠체어 타고 라이딩하기 최적화된 구간이다. 양수역에서 자전거 길로 진입하여 북한강 철교 지나 운길산역 앞 '물의 정원'을 둘러보고, 능내역, 마재

성지, 정약용 생가, 실학박물관, 다산생태공원을 둘러보고 다시 자전거 길로 나와 봉안터널을 지나 팔당역으로 빠지는 코스다.

양수역에서 내려 북한강 철교부터 휠체어 라이딩을 시작했다. 북한강 철교는 옛 양수철교로 북한강을 가로질러 남양주시와 양평군을 이어주는 철교였다. 시간을 더 거꾸로 돌리면 일제강점기였던 1932년 봄 착공해서 1939년 경경선의 북부선 일부인 동경성(현재는 청량리) 양평 구간이었다. 당시 일제는 자원수탈과 대륙침략을 목적으로 경부선에 이어 제2의 종관철도인 중앙선 부설을 추진했다. 일제가 추진했지만, 철도를 놓는 작업은 조선인이었고 그들의 땀으로 놓인 길이다. 100여 년 동안 철길로 사용하다 지금은 옛 경의중앙선 폐철교를 따라서 북한강을 걸을 수 있는 인도와 자전거 길이 됐다. 북한강 철교 초입에 있는 자전거 길을 증명하는 조형물은 인생사진 명소가 됐다. 철교 아래로 북한강의 고깃배가 여유롭게 지나간다. 바로 옆으로는 복선화된 철교로 전철이 지나간다.

그러고 보면 길도 부흥의 시기가 있다. 남한강 자전거 길로 재정비된 후 연일 사람들로 붐비는 길이 됐고, 사람의 왕래가 느니 상권도 형성됐다. 주막도 생기고, 카페도 생기고, 식당과 숙박시설도 생겨난다. 지금 남한강 자전거 길은 부흥기를 맞고 있다.

북한강 철교를 지나 운길산역 쪽으로 빠져나오면 멋진 경치와 맞딱뜨린다. 첫 번째 목적지인 남양주 물의 정원이다. 이곳은 소풍 장소로 자주 찾는 곳이다. 곳곳에 시원한 나무 그늘과 쉼터가 조성돼 있어 걷기만 해도 일상에 찌든 몸과 마음이 정화된다. 강변 산책길과 꽃양귀비길, 뱃나들이교, 포토존까지 규모도 커서 하루 종일 놀아도 좋은 곳이다.

'물의 정원'을 나와 자전거 길을 따라 능내역 방향으로 라이딩을 시작한다. 자전거 길 대부분은 평지여서 휠체어로 라이딩하기에 부담 없는 코스다. 중간중간 다양한 쉼터도 있고 장애인 화장실 등 편의시설도 잘 갖춰져 있다. 저전거 길을 걷다 보면 커다란 나무가 터

널을 만들어준다. 나무 터널 아래서 땀도 식혀주고 피톤치드 샤워로 몸도 마음도 업그레이드시켜 준다. 도시락을 준비해 온 사람은 벤치에서 느긋하게 식사를 즐긴다. 도시락 준비가 번거롭다면 자전거 길 중간중간 식당과 카페와 주막에 들러 요기하기 좋은 곳 천지다. 허기도 채울 겸 돌미나리 식당에서 아점을 먹기로 했다. 날씨가 좋아선지 야외 테이블마다 사람들이 바글바글하다. 돌미나리전, 잔치국수, 묵무침, 막걸리에 커피까지 메뉴도 다양하다. 자리 잡고 막걸리와 돌미나리 부침개를 시켜서 목도 축이고 배도 채워 다시 길을 나선다.

자전거 길은 신호등도 자전거로 표시되어 귀엽다. 이 길은 안식처에 먼저 도착한 M과 함께 오기도 했다. 그땐 자전거 길 여행이 M과 마지막이 될 줄은 꿈에도 생각 못 했다. 사고로 경추 장애인이 된 M은 목 아래로는 감각을 잃어 휠체어를 타고 생활했다. 글도 잘 쓰고 시도 잘 짓는 시인이어서 '대한민국 장애인 문학상' 대상을 받기도 했다. 여행을 좋아했고 시를 좋아했고 낭만을 아는 여행가 M. 무엇보다 자신의 삶을 사랑했던 M은 남한강 자전거 길 여행을 끝으로 안식처로 돌아갔다.

여행은 삶을 윤택하게 한다. M에게도 그랬고 모든 장애인에게도 마찬가지다. 그렇기에 여행은 장애 여부와 상관없이 누구에게나 보편적인 여행이어야 한다. 물리적 방해물은 제거하고 인식의 영토는 확장돼야 한다. 모순된 제도는 개선해 '여행의 권리'가 장애인 등 관광약자에게도 공평하게 제공되어야 한다.

생각 속을 빠져나오니 벌써 능내역에 도착했다. 능내역이 있는 남양주시 조안은 수도권에서 최초 슬로시티다. 빠르게만 살아가는 현대인의 삶 속에 작은 쉼표가 되는 곳. 이곳에서 북한강과 남한강이 한 몸이 되어 한강이 되고 바다로 흐른다. 자연의 시간을 존중하고 배려한 먹거리를 사람들과 나누기도 한다. 슬로시티 조안에선 느린 삶을 향한 지향이 느껴진다. 능내역은 중앙선이 광역전철화되면서 선로를 옮겨 폐역이 됐다. 이후 리모델링을 통해서 여행자 쉼터로

새롭게 태어났고, 자전거 마니아들에겐 유명한 만남의 장소이기도 하다.

추억이 켜켜이 쌓인 능내역 대합실은 향수를 자극하는 소품으로 가득한 전시관으로 변모했다. 능내역에서 또 하나의 추억을 박제한다. 능내역 앞 국숫집 골목으로 쭉 들어가다 보면 '마재성지'가 나온다. 마재성지는 한국 천주교회의 요람이다. 성당 정원엔 한복 입은 예수상이 특별하다. 마재성지는 다산 정약용, 정약종, 정철상 등 형제의 모범신앙을 기념하는 성지이자 조선후기 순교자들의 기록이 남아 있는 천주교 순례자의 요람이다. 한국 천주교회의 창립 주역들의 생활 터전이자 가족 모두가 순교한 성지이기도 하다.

조안은 다산 정약용의 흔적으로 가득한 곳이다. 정약용을 만나려면 마재고개 넘어 마재마을로 가야 한다. 말을 타고 넘어가던 고개라 해서 마현마을로도 불린다. 고개 넘어 오른쪽으로 내려가면 마재마을이다. 다산 정약용이 태어난 곳이자 그가 강진에서 긴 유배 생활을 마치고 돌아와 머물던 곳, 다산 유적지는 정약용 생가, 정약용 묘, 다산기념관, 실학박물관까지 정약용의 업적들로 가득하다.

먼저 다산기념관으로 갔다. 정약용의 일대기를 전시해 놓은 곳이다. 1762년 진사였던 아버지 정재원은 사도세자의 죽음에 낙담해 벼슬을 버리고 고향으로 낙향했다. 그해 팔월 조선 최고의 실학자 정약용이 태어났다. 4살 때 천자문 공부를 시작한 정약용은 일곱 살에 〈산〉이라는 시를 지었다. 어린 정약용의 놀라운 관찰력은 예사롭지 않았다. 왕의 남자가 된 정약용은 정조와 함께 조선을 개혁하는 데 앞장섰다. 정조가 죽은 후 다산 정약용은 정치적 박해로 당대에는 펼쳐 보일 수 없었던 개혁의 꿈을 〈목민심서〉, 〈경세유표〉, 〈흠흠신서〉에 담아냈다.

정약용은 강진에서 유배생활을 끝내고 마재마을로 돌아와 생을 마감했다. 생가는 화려하지 않지만 깔끔하고 아늑한 조선시대 가옥 형태다. 곳곳에 경사로가 있어 휠체어 탄 여행객도 유적지를 둘러보는 데 부담이 없다. 다만 정약용의 묘가 생가 위에 있는데 계단이어서 아쉬운 마음을 뒤로 하고 발길을 돌릴 수밖에 없었다. 실학박물관으로 향하는 길, 문득 우리 시대의 정약용은 누굴까, 하는 질문이 맴돌았다.

실학박물관은 상설전시와 특별전시, 온라인 전시로 관람객을 맞고 있다. 전시관 1층엔 장애인 화장실과 엘리베이터 등 편의시설이 잘 갖춰져 있어 관람하기에 편리하다. 특별전시에선 '실학' 탄생의 기초가 된 세계사적 변화부터 조선사회의 변화를 소개하고, 실학자였던 인물들을 통해 실학의 전개 양상을 살펴볼 수 있다. 그리고 유배지 강진에서 18년간 주고받은 편지와 시를 통해 정약용의 가족애를 엿볼 수 있다. 박물관을 나와 다산생태공원으로 향했다.

다산생태공원으로 가는 길에는 카페, 식당, 작은 상점 등이 다양하다. '옥수수 여기 맛집'은 BTS의 멤버 뷔가 다녀간 곳이어서 그의 팬들인 '아미'의 순례코스라고 한다. 뷔의 팬이기도 한 나도 옥수수를 안 먹어볼 수 없지! 그런데 가게가 쉬는 날이어서 패스할 수밖에 없었다. 다산생태공원에선 아름다운 북한강이 손에 잡힐 듯하다. 온갖 계절 꽃들이 생태공원을 장악했고, 조경도 꽤 아름답다. 사방을 둘러보면 거대한 물결과 동화되어 여행자의 감성도 강물처럼 흐른다. 생태공원 곳곳에 쉼터가 마련돼 있어 휠체어로 산책하기 딱 좋다.

다시 자전거 길로 나와 팔당역으로 향한다. 자전거 길을 조금 걷다 보면 추억의 식당 '봉쥬르'가 있다. 봉쥬르는 친구들과 라이딩하며 밥도 먹고 커피도 마시며 쉬어가던 곳이다. 옛 건물은 오간 데 없고 지금은 새로이 건물을 짓고 있다. 주변에도 대규모 시설이 새롭

남한강 자전거 길 휠체어 라이딩

게 들어서고 있다. 두물머리를 품은 남한강 자전거 길은 상수원 보호지역이라 간이매점 형태로만 가게들이 운영 중이다. 조금 더 가면 봉안터널이 나온다. 기차가 다녔던 폐터널을 새로이 꾸며 자전거 라이딩족 사이에선 '에어컨 터널'로 불린다. 터널 안은 시원하고 조명도 예쁘다. 큰 소리로 말하면 소리가 울려 터널 밖까지 빠져나가는 재미난 곳이다. 터널을 나오면 물소리 우렁차게 들리는 팔당댐이다. 한강 따라 원 없이 휠체어 라이딩을 할 수 있는 남한강 자전거 길, 휠 라이딩을 하다 보니 목적지인 팔당역으로 빠지는 길이 나온다. 양수역에서 팔당역까지 직선으로 12킬로미터 거리지만 여기저기 들르다 보면 12킬로미터가 훨씬 넘기에 휠체어 배터리 체크는 필수다.

휠체어 타는 장애인에게는 배터리 부심이 있다. 배터리 용량과 품질에 따라 이동 거리가 달라지기 때문이다. 같은 제품의 휠체어와 같은 제품의 배터리를 사용해도 길의 경사도나 상태에 따라 이동 거리가 달라져 배터리 잔량에 따라 마음가짐도 달라진다. 배터리가 널널하게 남아 있으면 걱정 없이 이동하고, 잔량이 달랑달랑하면 이동 중간에 멈출까, 걱정이 태산이다. 휠체어가 멈추면 엄청나게 번거로워진다. 장애인 콜택시를 부를 수도 있지만, 그렇지 못한 지역도 있기 때문이다. 풀 충전하면 25킬로미터 이동은 가능하기에 웬만한 거리는 걱정하지 않고 그 거리에 맞춰 여행을 한다.

자전거가 달리는 곳에선 휠체어도 달리기 편하다. 요즘은 휠체어 라이딩 마니아들이 늘어나는 추세다. 자신의 장애 상태에 맞는 휠체어를 선택해 라이딩을 하며 여가를 즐긴다. 전동휠 라이딩, 수동휠 바이크 라이딩, 휠체어 사이클까지. 휠체어 라이딩은 보장구 사양에 따라서 속도도 다르고 이동거리도 다르다. 전동휠체어는 최대 시속 10킬로미터 내외 속력을 내고, 휠 바이크는 시속 15킬로미터 정도까지 달릴 수 있다. 휠체어 사이클은 일반 사이클과 속도가 거의 비슷하다. 수동휠체어와 수전동 휠체어의 속도도 다르다. 어떤 배터리와 동력장치를 장착하느냐에 따라 휠체어 속도와 이동 거리가 달라져 휠체어 라이딩도 제각각 느낌이 다르다. 휠체어 타고 여행한다고 늘 힘든 건 아니다. 오히려 동행인의 보행 속도에 맞춰줘야 할 때도 있다. 동행인이 전동자전거나 전동킥보드를 타면 여행의 보폭이 맞아 여행이 한결 매끄럽다. 전동휠체어는 무거운 짐을 다 싣고, 동행인의 짐까지 들어준다. 25킬로미터가 넘는 이동 거리까지는 전동휠체어로만 이동할 수 있어 주변을 샅샅이 살펴볼 수 있다.

최근 중국에선 전동휠체어를 타고 다니는 청년이 늘고 있다고 한다. 전동휠체어 타고 출퇴근과 쇼핑을 하고 카페, 식당도 다닌다고 한다. 이를 증명하듯 전동휠체어를 판매하는 온라인쇼핑몰에선 전년 대비 판매율이 60% 증가했다고 한다. 전동휠체어가 편리하다는 인식이 늘면서 판매업체도 늘고 있단다. 한국에서도 전동휠체어가 길거리에 널린 전동킥보드나 공유자전거처럼 보편화된다면, 식당이나 카페, 편의점, 약국, 미용실 등 소규모 상점의 접근성이 좋아지고, 저상버스 확대와 휠체어를 태울 수 있는 택시도 많아질 것 같다. 노인들 중엔 이미 전동스쿠터를 타는 분들이 많다. 소비자가 많아지면 공급은 자연스럽게 늘어나고, 그에 따른 인식과 물리적 접근성까지 좋아지기 마련이다. 그렇게 되면 휠체어를 사용하는 장애인에 대한 편견도 사라질 것이고 무장애 여행지도 확대돼 더 자유로운 여행이 가능해진다.

자전거 길 휠 라이딩을 하면 좋은 기운을 듬뿍 받고 몸속에 쌓인 독소는 쑥 빠져나가는 느낌이다. 여행처럼 즐거운 시간은 너무 빨리 가서 충격이기도 하다. 벌써 여행을 마무리해야 할 시간이라니! 온몸의 세포가 엔도르핀으로 채워지는 남한강 자전거 길 휠체어 라이딩. 다산을 만나러 가는 길은 종교나 자아성찰을 위한 순례길처럼 나에게는 또 다른 순례길 여행이다.

08

월미도

월미바다열차 → 박물관역 → 월미산 데크 길 → 한국이민사박물관
→ 월미문화의 거리

봄, 거기 있었구나! 월미도

여행 정보

- 인천역에서 월미 바다열차 탑승
- 인천교통약지이동지원센터 1577-0320
- 월미문화거리 곳곳
- 월미 바다열차 역마다/ 월미 문화거리/ 한국이민사역사박물관

삶을 숙제처럼 살면 얼마나 피곤할까. 인생을 숙제가 아니라 축제처럼 살아가면 날마다 흥겨운 날이 펼쳐진다. 3월은 봄꽃이 폭죽 터지듯 온 천하를 뒤덮는 축제의 계절이다. 꽃샘추위가 아무리 방해해도 그래봤자 오는 봄을 어찌 막을 건가. 더디게 온다고 봄이 아닌 건 아니니까. 봄을 찾아 나선 발걸음이 가볍다. 봄은 겨울을 견뎌낸 모든 생명에게 보상을 주는 계절이다.

바닷바람이 제법 부드러운 월미도로 향했다. 월미도는 열린관광지로 조성되면서 무장애 관광지로 거듭나고 있다. 게다가 관광자원도 풍부해 볼거리, 먹을거리, 체험거리까지 장애인 등 관광약자에게도 일석다조를 누릴 수 있는 곳이다. 월미도 하면 떠오르는 것들이 참 다양하다. 월미바다열차, 인천상륙작전, 디스코팡팡 등등.

인천역에서 월미바다열차를 타고 여행을 시작한다. 월미바다열차는 휠체어 타는 여행객도 부담 없이 탈 수 있다. 휠체어 이용인, 쌍둥이 유아차를 끄는 영유아 동반 가족, 나이 지긋한 고령인, 외국인까지 평일인데도 바다열차를 타는 사람들로 북새통이다. 휠체어 좌석도 마련돼 있으니 무장애 관광 콘텐츠로 충분히 인정받을 만하다.

자! 이제 출발해 볼까. 월미바다열차는 국내에서 가장 긴 모노레일이다. 인천 월미도를 순환하는 도심형 모노레일로서 월미바다역, 월미공원역, 월미문화의거리역, 박물관역까지 네 곳에서 탑승할 수 있다. 월미바다열차 코스에는 다양한 여행지가 포함되어 있어 부지런히 발길을 놀려야 한다. 월미바다역 앞은 차이나타운과 개항장,

SOME THINGS
take time
MEMORY
GOLD
The Beginning

동화마을, 자유공원과 중구청을 중심으로 열린관광지가 형성돼 있어 무장애 여행의 핵심 코스다.

열차 안에서 바라보는 바깥 풍경은 경이롭다. 인천항을 출발하는 자동차가 수출 길에 오르려고 줄 맞춰 대기하고 있다. 지구에서 가장 큰 사일로(원통형 곡물 창고)는 입이 떡 벌어질 정도의 규모다. 세상에 저렇게 큰 건물이 곡물창고라니 자꾸 봐도 신기하다. 거대한 원통형 사일로의 외벽에는 책 그림이 그려져 있다. 역시 기네스북에 등재된 세계 최고의 크기를 자랑한다. 기차는 부드럽게 다음 역인 박물관역에 도착한다.

박물관역에서 내려 무장애 나눔길로 조성된 월미산 데크 길을 따라 산책한다. 월미산은 인천상륙작전 당시 격전지로서 반세기 동안 일반인의 출입이 통제됐다가 산책로를 만들어 '월미공원'으로 개방됐다. 최근에는 무장애 나눔길로 데크까지 깔아 누구나 편리하게 월미산 정상까지 오를 수 있다. 월미산 정상에 오르면 인천항과 서해, 인천국제공항을 한눈에 볼 수 있다.

나눔길 중간엔 전동휠체어 급속충전기도 마련돼 있어 배터리 충전 걱정이 없다. 간이도서관까지 나란히 있으니 마음의 양식까지 충전할 수 있다. 월미산 정상 광장엔 예포대와 월미산 꼭대기로 오르는 길이 있지만 휠체어 사용인이 접근하기엔 경사가 가팔라 부담스

럽다. 산 정상에 있는 월미전망대는 필히 가봐야 한다. 5층 건물 전망대에선 주변 바다 풍경과 도심 풍경을 한눈에 볼 수 있다. 5층엔 달빛마루 카페가 있어 근사한 전망과 마주할 수 있다. 하늘도 바람도 구름도 그리고 나 자신도 지금 이 시간 오롯이 하나가 된다.

그렇다. 내게 여행은 '추앙'의 시간이다. '그래서'가 아니고 '그럼에도'의 시간이다. 누군가는 그런다. 편의시설도 제대로 없어서 원초적 본능도 해결 못 하는 그런 여행을 굳이 가야 하냐고. '그럼에도' 여행하면서 보이는 풍경이 있다. 지금 여기 눈앞에 펼쳐지는 이 풍경을 마주하는 여행은 오롯이 자연이 주는 날것의 감각을 느낄 수 있게 해주기 때문이다.

월미산 산책을 마치고 내려오는 길에 한국이민사박물관도 들러야 한다. 한국이민사박물관은 우리나라 이민의 역사를 연대별로 나눠 전시하고 있다. 구한말 세계정세는 숨 가쁘게 돌아갔다. 조선도 예외는 아니었다. 1860년 북경조약으로 연해주가 러시아로 편입되면서 러시아는 연해주 변방 개척을 위해 한인들의 입국을 허용했다. 조선 정부는 한인의 이주를 막기 위해 유민방지책을 발표했다. 그러나 청나라 북간도 지역 봉금정책이 해제되면서 한인 이주가 시작돼 북간도 지역에 한인 집단 부락이 형성됐다.

조선 최초의 국외 이주 노동자는 1897년 일본 사가현 조자 탄광

에 취업한 100여 명이었다. 이후 1902년 조선 최초로 해외 이민업무 담당 기관인 유민원이 설치되었고, 하와이 사탕수수 농장으로 가는 121명의 노동자가 인천에서 출발해 일본 나가사키항에 도착했다. 검역소에서 신체검사와 예방접종을 마친 노동자들은 갤릭호에 승선해 태평양 건너 하와이에 도착했다. 120여 년 한국 이민의 역사가 시작되는 순간이었다.

제1, 제2, 제3 전시실이 역사를 기록한 역사관이라면, 제4 전시실은 바로 지금 700만 국외동포의 근황과 염원을 살펴볼 수 있는 곳이다. 한인 이민사를 재조명하고 한인들의 정체성을 확립하기 위한 각종 국외 이민 기념사업과 축제, 문화활동에 대해서도 살펴볼 수 있다.

한편 국내로 들어온 외국인은 법무부 출입국통계 월보에 따르면 2023년 9월 기준 체류 외국인이 251만 명을 넘어섰다. 결혼을 통한 이주는 물론 근로자, 유학생 등 인종과 언어, 문화적 배경이 다른 다양한 지구촌 사람들이 국내에 거주하며 함께 살고 있다. 한국이민사박물관은 월미산 아래 평지에 푹 안겨 있어 접근하기 좋다. 2층 건물에 장애인 화장실 등 편의시설도 양호하다.

'월미문화의거리'로 발길을 옮긴다. 월미문화의거리는 인천대교

숲속 도서관
월미전망대

와 서해의 경관을 활용한 문화 이벤트 공간이다. 광장의 별빛과 수경, 전망대까지 휴식과 테마 공간에서 바다를 접할 수 있다. 광장을 따라 횟집과 카페가 즐비해 식사나 차를 마시며 바다의 낭만을 만끽할 수 있다. 광장 중간에는 인천상륙작전 조형물이 한국전쟁의 아픔을 상기시킨다. 월미문화의거리에서는 낚시를 하는 사람도 자주 눈에 띈다. 낚싯대를 드리우고 세월을 낚는 강태공들은 낚싯대 찌가 움직이든 말든 상관없이 바다를 보며 멍 때리는 시간을 보낸다. 다양한 조형물은 여행객의 포토 스폿이 되어준다.

바다가 품어주는 월미도에서 부족함 없이 사는 사람들은 삶의 속도를 한껏 늦추고 지는 해를 바라본다. 붉은 바다를 보고 있으면 지난 세월이 따라온다. 각자의 속도는 다르지만 자연에 깃들어 여행하는 마음은 같다. 저마다의 속도를 인정하면 그게 어디든 누구든 함께 여행할 수 있다. 월미도에서 누군가의 봄이 내 봄처럼 반갑고 내 봄처럼 물들어갔다.

09

인천 개항장 거리

대불호텔 → 근대건축전시관 → 신포시장 → 자유공원 → 차이나타운

완벽한 하루를 인천에서 보내는 법

여행정보

- 인천역
- 인천교통약자 이동지원센터 1577-0320
- 차이나타운 다수
- 중구청, 대불호텔, 인천역

배터리 체크! 핸드폰 체크! 동선 체크! 중무장하여 길을 나선다. 거대한 이유가 있거나 거창한 사명감 따위가 있어서는 아니다. 마음을 열면 세상을 바라보는 시선이 넓어지고 마음의 문을 닫으면 좁은 어둠 속으로 빠져 긍정을 잃게 된다. 나를 한껏 개방하고 찾아간 곳은 인천 중구 개항장 거리다. 개항장은 1883년 개항 이후 우리나라 근대사의 흔적이 고스란히 남아 있는 곳이다. 2021년 무장애 여행지로 선정돼 열린관광지로 조성됐다.

17세기 후반 조선은 쇄국정책으로 닫힌 사회였다. 그러다 보니 세계정세에 능하지 못했고 외세와 불합리한 조약으로 강제로 빗장이 열리고 말았다. 그 고통의 값은 혹독했다. 국민의 삶은 피폐해지기 시작했고 기어코 일제강점기를 겪어야 했으며 동족상잔의 아픔을 겪어야 했다. 이후 과거를 반성하고 열린 사회로 가기 위해 부단

히 개방해서 이제는 세계인이 부러워하고 살고 싶은 국가와 도시가 됐다. 고통스러운 치부는 역사가 됐고 숨김없이 드러내 여행 콘텐츠로 부활했다. 그렇게 인천 개항장 거리로 거듭났다.

개항장 거리는 목포, 군산과 함께 근대역사 여행지 중 한 곳이다. 1876년 일본과 강화도조약이 체결된 후 부산과 원산에 이어 세 번째로 제물포가 개항됐다. 이때부터 수많은 외교관과 여행가, 선교사, 상인이 이곳을 통해 조선으로 들어왔다. 그들은 사진과 기록으로 당시의 인천 개항장 모습을 담았고, 조선은 '고요한 아침의 나라'로 세계에 알려지기 시작했다. 외국인들이 인천항을 통해 조선에 발을 디뎠다. 그들의 최종 목적지는 한양이었다. 하지만 인천에서 한양까지는 열두 시간 이상 걸리는 거리여서 인천에서 하루 묵고 갈

호텔이 필요했다.

필요가 있으면 공급이 따르기 마련이다. 1883년 개항장 거리에 한국 최초의 서양식 호텔인 '대불호텔'이 들어섰다. 대불호텔은 일본식 2층 목조 가옥으로 지어졌지만, 곧이어 3층 서양식 벽돌 건물로 신축하고 침실과 식당을 갖춰 본격적으로 서양인을 고객으로 맞았다. 1900년 서울과 인천을 잇는 경인철도가 개통되었다. 인천에서 하루 머물 필요가 없어진 셈, 러일전쟁 이후 서구인의 출입마저 뜸해지면서 대불호텔은 경영난에 빠져 문을 닫을 수밖에 없었다.

폐업 수순을 밟던 대불호텔을 중국인이 인수해 중국 상인과 일본인을 상대로 북경요리 전문점으로 업종을 변경했다. 중화요리 식당은 개점하자마자 인천은 물론 경성까지 알려질 정도로 명성이 자자했다. 호황을 누리던 중화요리 식당도 1960년대 즈음, 청관거리가 쇠락의 길로 접어들자 10년 후 경영난을 이유로 역사 속으로 사라졌다. 중화요리 식당의 흔적으로 남아 있는 건 '중화루'라는 간판뿐이었다. 그 후 내부는 월셋집으로 바뀌었다.

대불호텔은 2018년 전시관으로 다시 태어나면서 새롭게 역사를 쓰기 시작했고, 열린관광지로 조성돼 장애인 등 관광약자도 찾는 무장애 여행지가 됐다. 1층 전시관에선 대불호텔의 외관 및 번창과 쇠락 과정을 전시하고, 2층은 인천 중구의 시작과 생활사의 변천 과정을 다양한 콘텐츠로 관람할 수 있다. 19세기 대불호텔 객실 내부는 지금 봐도 근사하다. 고풍스러운 가구들이 고급스러우면서 세련미가 넘친다.

대불호텔의 또 다른 볼거리는 1층 뒷문 쪽에 있는 '그때를 아십니까' 전시관이다. 1970년대 인천의 생활상을 소품과 담벼락 그림으로 실감 나게 재현해 놨다. 담장 앞에 그려진 커다란 짐 자전거는 연탄을 싣고 골목을 누비며 배달하던 시절이 소환된다. 석유 곤로 위에는 가마솥이 얹혀 있고 마당에서 김장하는 어머니 모습이 그림 속에서 살아 움직인다. 물을 퍼 올리는 펌프와 빨간 고무통은 관람객

을 그 시대로 데려간다. 부잣집 밥상인 자개상 위에 놓인 쌀밥과 푸짐한 반찬에 군침이 돈다. 골목길 전파사에는 고장 난 라디오가 과거로 여행 오라고 시그널을 보낸다. 경험은 일인칭이지만 기억은 동시대를 살아온 사람들과 다인층으로 추억을 공유한다. 그때를 아십니까. 전시관에서처럼.

대불호텔 바로 옆엔 일본 나가사키에 본점을 둔 제18은행 인천지점이던 건물이 있다. 현재 이곳은 '인천 개항장 근대건축전시관'으로 활용되고 있지만 휠체어 탄 여행자는 계단에 막혀 전시관 안으로 들어갈 수 없다. 다만 전시관 옆에 근대건축전시관 모형을 볼 수 있고, 장애인화장실은 이용할 수 있다.

근대건축전시관 앞에는 국내 최초 우편배달부 조형물도 있다. 우리나라 우편제도는 1884년에 서울과 인천 사이에 우편물이 오가며 시작되었다. 그때의 우체부는 갓을 쓰고 곰방대를 물고 있다. 우산을 들고 편지가 든 가방을 메고 우편물을 배달했다. 우체부 옆에는

1912년식 우체통 조형물도 있다. 당시 우체부는 편지만 배달하는 사람이 아니었다. 이웃 마을 소식을 전해주는 플랫폼 역할도 했다. 큰언니와 나이 차가 많은 나는, 시집간 언니 소식을 전해주는 우체부 아저씨를 기다리며 우체부 아저씨 노래를 매일매일 불렀다. 지금도 시골 우체부 아저씨는 편지도 전하지만 물건도 사다 주고 홀로 사는 독거노인 안부도 확인하는 '홍반장' 이기도 하다.

아저씨 아저씨 우체부 아저씨
큰 가방 메고서 어디 가세요
큰 가방 속에는 편지 편지 들었죠
동그란 모자가 아주 멋져요
편지요 편지요 옳지 옳지 왔구나
시집간 언니가 내일 온대요.

개항장 거리를 중심으로 상하좌우로 여행지가 몰려 있다. 개항장 거리에서 500여 미터 정도 가면 '신포시장'이다. 신포시장은 닭강

정으로 유명하다. 위쪽으로는 맥아더 장군 동상이 있는 '자유공원'이 있다. 맥아더 장군은 한국전쟁에서 인천상륙작전을 진두지휘하며 전세를 역전시킨 인물이다. 그래서인지 맥아더 장군을 신으로 모시는 무속인도 있다고 한다. 자유공원은 휠체어 타고 올라가도 무리가 없다. 공원에서 내려다보이는 인천 앞바다의 풍경에 감정 체증이 뻥 뚫린다.

자유공원에서 '차이나타운'으로 내려왔다. 차이나타운과 천사 벽화 골목은 붙어 있다. 차이나타운에는 문턱 없는 식당이 많아 골라 먹는 재미가 쏠쏠하다. 차이나타운에 왔으니 자장면을 안 먹을 수 없다. 한때 '짜장면'과 '자장면'의 명칭을 두고 논쟁도 있었다. 결국 둘 다 사용해도 무방하다는 결론이 났다. 언어는 시대와 세대별로 살아 움직이는 생물 같다.

살면서 가끔은 내가 원하는 완벽한 날이 오거나, 만들고 싶을 때가 있다. 시험을 잘 봤거나 내가 원하는 사람에게 인정받거나, 인생에는 반짝이는 별 같은 하루가 있다. 내게 완벽한 날은 장콜(장애인콜택시)이 바로 연결될 때, 화장실이 충분하고 넓어 휠체어 타고 들어가도 걸림이 없을 때, 원하는 음식점에 경사로가 있고 자동문일 때, 손님으로 대접받으며 충분한 서비스를 받을 때다. 그런 날을 인천 개항장 거리에서 만났다. 원하는 여행지가 모여 있고 접근 가능한 곳이 천지인 개항장 거리. 그렇게 내가 원하는 완벽한 하루가 됐다.

10

경포

강릉역 → 경포해변 → 경포호수

가까이 봐야 더 예쁘다, 경포

여행 정보

- 강릉행 KTX
- 강원 교통약자 콜센터 1577-2014
- 강릉 무장애관광센터 033-645-4005
- 경포해변, 경포호수 등 다수

숙소정보

세인트존스호텔
편의객실 11개/ 애견동반 가능
033-660-9000
강릉시 창해로 307
홈주소 https://new.stjohns.co.kr

오죽한옥마을
편의객실 1개
033-655-1117~8
강릉시 죽헌길 114
홈주소 https://ojuk.gtdc.or.kr

스카이베이호텔
편의객실 3개
033-923-2000
강릉시 해안로 476
홈주소 www.skybay.co.kr

라카이샌드파인호텔
편의객실 2개
1644-3001
강릉시 해안로 53
홈주소 https://lakaisandpine.co.kr

탑스텐호텔
편의객실 2개
033-530-4800
강릉시 옥계면 헌화로 455-34
홈주소 www.hotel-topsten.co.kr

씨마크호텔
편의객실 1개
033-6650-7000
강릉시 해안로406번길 2
홈주소 www.seamarqhotel.com

루소호텔
편의객실 3개
033-647-9400
강릉시 교동광장로100번길 12
홈주소 www.russohotel.com

연곡해변 솔향기 캠핑장
무장애 카라반 1동
033-662-2900
강원 강릉시 연곡면 해안로 1282
홈주소: https://pinecamping.or.kr/

삶은 멀리서 보면 희극이고 가까이서 보면 비극이라지만, 여행하는 마음만큼은 희극이다. 낯선 곳에서 타인의 삶에 깊이 관여하지 않으니 희극으로 보이고, 행위 자체가 즐거우니 희극이다. 여행에서 만나는 즐거움이 일상을 윤택하게 만드니 기분 좋은 희극이 맞다. 그 희극에서 소외된 이들이 점차 줄어들고 무장애 여행 환경은 늘고 있으니, 희극의 요소들이 점차 늘고 있다는 증거다. 이런 분위기에 힘입어 장애인도 '느닷없이 떠나는 여행'이 늘고 있다. 묻지도 따지지도 않고 원할 때 떠날 수 있는, 무장애 여행 환경이 조금씩 갖춰지고 여행 산업에서 생산자와 소비자로서 자리매김하고 있기 때문이다.

그중 한 곳이 강릉이다. 강릉은 열린관광도시로 조성되면서 관광지마다 접근성이 개선되고 있다. 접근성 개선의 측면에서 무장애 관광에 대한 인식의 변화가 확연히 느껴지기도 한다. 게다가 강릉에선 무장애관광센터를 운영해, 장애인 등 관광 취약계층도 안심하고 여행할 수 있는 곳이라는 인식이 확산되고 있다. '강릉무장애관광센터'는 무장애 관광 정보를 비롯해 차량지원, 인력지원, 무장애 여행상품과 자유여행 코스 추천 등이 마련돼 있어 여행을 망설이는 장애인의 시행착오를 줄여주기에 충분하다. 차량지원은 대형버스와 다인승 차량, 1인승 차량도 이용할 수 있고, 무장애 관광 관련 전문인력을 갖춰 서비스를 제공받을 수 있다. 최근 장애인, 고령인, 임산부, 영유아 동반 가족, 외국인까지 관광 약자가 증가하면서 여행에 필요한 보장구도 늘고 있다. 강릉무장애관광센터에서는 소비자의 필요를 파악해 휠체어, 유아차, 휴대용 경사로, 리프트 휠체어까지 다양한 보장구를 대여하므로 강릉이 무장애 관광도시임에 손색없

다. 그런 여행지라면 휠체어 타는 나도 가보지 않을 이유가 없다.

이른 아침 서울역에서 강릉행 KTX를 탔다. 기차는 금세 도심을 벗어나 초록 세상을 향해 달리고, 얼마간 시간이 지나자 강릉역에 도착했다. 대중교통을 이용하는 여행은 편의시설이 갖춰진 화장실 문제부터 해결해야 불안감이 줄어든다. 기차역이나 공항, 지하철 등 공공시설에는 장애인 화장실이 구비돼 있다. 화장실 이용 후 장애인 콜택시를 타고 경포해변으로 이동했다. 장애인 콜택시 연결이 매끄러워 이동하는 데 큰 불편이 없다. 10분쯤 달리니 벌써 경포해변에 도착했다.

경포해변은 열린관광지인 만큼 접근성이 양호하다. 탁 트인 동해와 커다란 우체통이 눈길을 끈다. '느린 우체통'과 함께 인증샷을 찍은 뒤 챙겨 온 편지지와 엽서를 꺼냈다. 편지지와 엽서는 여행지마다 느린 우체통을 운영하는 곳이 많아 꼭 챙기곤 한다. 여행에서 느낀 생생한 감정을 편지지에 적어 나에게 부치는 것. 사진도 마찬가지다. 금세 지나가는 풍경을 사진으로 박제해 시간을 잠가놓는다. 기억보다는 기록으로 생각을 붙잡아 훗날 그때의 감정을 소환하며 회상하기 위함이다.

여행에서 느낀 감상을 꾹꾹 눌러쓴 편지와 엽서를 빨간 우체통과 파란 우체통에 각각 넣었다. 빨간 우체통 옆으로 경사로가 있어 휠

체어 탄 여행객도 접근이 용이하다. 느린 우체통 옆에는 전동휠체어 급속충전기가 비치돼 있어 배터리 방전 걱정을 덜어준다. 게다가 소나무숲으로 가는 데크 길이 바로 이어지고, 화장실 주변 접근성도 양호하다. 느린 우체통을 뒤로하고 중앙광장을 지나 모래사장이 펼쳐진 북쪽 데크 길로 산책을 시작했다.

경포해변 데크 길은 1.8킬로미터 정도로, 남쪽에서 북쪽까지 쭉 연결돼 있다. 열린관광지로 조성된 곳은 중앙광장에서 북쪽 데크 길 끝에 있는 전망대까지다. 데크 길은 휠체어 탄 여행자도 교차해 지나갈 수 있도록 너비에도 신경 썼다. 해변엔 다채로운 포토존 조형물이 있다. '알파벳 이니셜' 조형물은 경포해변에 왔다는 증표로 안성맞춤! 시간을 저장하고 추억으로 박제하는데 사진만 한 것이 또 있을까, 한 컷 한 컷 정성 담아 찍는다. 여행은 일상을 벗어나 때로는 가볍게, 때로는 무겁게 나를 비우고 채워준다.

데크 길 길 전망대 난간은 휠체어 탄 여행자도 시야를 가리지 않도록 강화유리를 설치해 막힘없이 동해와 만날 수 있게 해준다. 바다와 눈 맞춤하는 지금, 나도 모르게 브레이크가 걸린 듯 정적인 시간을 갖는다. 뒤돌아보지 않고 달리다 보면 번아웃이 올 때가 있다. 내가 어디쯤 있는지, 어디로 갈지 방향감각을 잃을 때 걸어온 길을 돌아보는 정적인 시간이 필요하다. 정적인 시간은 잃어버린 방향을 이끌어주는 나침반과도 같다.

경포호수로 발걸음을 옮겼다. 경포호수는 A · B · C 세 가지 산책 코스가 있다. 그중 C코스는 12킬로미터 정도로, 호수 주변에 볼거리와 체험 거리가 가득하다. C코스 주변에는 관동팔경의 으뜸인 경포대와 3 · 1운동 기념탑, 경포가시연습지, 녹색도시체험센터, 허균 · 허난설헌기념공원까지 볼거리가 풍성하다. 동행인과 함께라면 호수 입구에서 전기자전거를 대여하는 것도 좋은 방법이다. 전기자전거와 전동휠체어가 속도를 맞춰 여행하는 풍경, 이보다 아름다운 파트너는 없을 듯싶다. 수동휠체어를 밀며 12킬로미터 거리를 산책하

다 보면 서로 부담되지만, 전동휠체어와 전기자전거가 짝을 이루면 능동적 여행이 가능한 만큼 몸도 마음도 훨씬 가볍다.

경포호수 둘레를 따라 홍길동 조형물이 일정한 간격으로 놓여 있다. 아버지를 아버지라 부르지 못하는 서자의 설움을 허균은 소설로 표현했다. 소설은 허구라지만 허구도 사실의 한 조각에서 상상이 시작된다. 홍길동도 그렇다. 조선시대에는 서자와 얼자의 차별이 만연했으니, 그들이 아무리 뛰어나더라도 꿈을 마음껏 펼칠 수 없는 사회제도와 인식이 얼마나 원망스러웠을까. 21세기를 살아가는 장애인 또한 여전히 사회에서 상처받곤 한다. 오늘도 장애인을 대하는 인식의 지평을 넓히기 위해 주저하지 않는다. 어느새 경포가시연습지에 도착했다. 연못 중앙으로 매끈한 데크 길이 가로지르고 있어 연못 위를 걷는 기분이 가벼워진다. 분홍빛 연꽃이 '홍길동'과 '장애인'의 설움을 위로하는 것 같다.

무더운 여름엔 뜨거운 열기를 피할 수 있는 방법을 찾아야 한다. 일이 중요한 만큼 휴식도 중요하다. 잠도 자고, 몸도 쉬고, 머릿속도 비워야 일상으로 돌아갈 에너지가 생긴다. 여행은 바닥난 에너지를 보충하는 충전기다. 삶에서 가장 중요한 내가 있어야, 모든 관계가 시작된다. 시작하지 않으면 아무 일도 일어나지 않는다.

11

안목해변

바다를 닮은 커피 향기

여행정보

- 강릉역에서 장애인콜택시 즉시콜 이용
- 강원 교통약자 콜센터1577-2014
- 커피거리 다수
- 안목해변 커피거리 다수

비 오는 날, 이정표 없는 시간을 걷다 보면 마치 세월도 뒷걸음질 치는 것 같다. 여행은 알 수 없는 날씨와도 같다. 갑자기 폭우라도 만나면 걸음을 멈추고 기도하고, 그냥 비 따라 걸음을 재촉하기도 한다. 비가 내리고 음악이 흐르면 난 커피가 생각난다. 그렇게 비와 커피가 있는 강릉 커피거리로 간다. 낯선 곳에서 어떤 풍경이 펼쳐질지 기대된다.

비 오는 안목해변은 세상과 다른 시간이 흐르는 것 같다. 이곳은 커피로 빗장이 열리면서 저마다 부지런히 다져온 삶이 신성(新星)의 길, 커피의 메카로 거듭났다. 지구 온난화의 영향으로 국내에서도 커피가 재배되니 자연은 마치 출구를 알 수 없는 미로 같다.

빗줄기가 굵어지고 바람이 거칠어졌다. 우산을 썼는데도 억수탕

을 방불케 하는 비바람은 힘없는 손아귀에서 우산을 자꾸 떼어놓으려 한다. 이미 옷은 비에 홀딱 젖어 휠체어 방석까지 파고들었다.

'그래! 어차피 젖을 거 이럴 때 아니면 언제 비를 흠뻑 맞아보랴. 젖은 김에 우산 든 손이라도 자유롭게 풀어줘 힘들이지 말아야지. 가수 싸이만 흠뻑 쇼 하나, 휠체어 탄 나도 오늘은 흠뻑 쇼다!' 휠체어 컨트롤러는 비에 젖지 않게 방수 덮개를 씌우고 비 오는 바닷가를 자유롭게 산책한다.

그런데 내 옆을 지나가는 여행객의 수군수군하는 소리가 귓가를 스친다. "장애인이 비 오는데 집에 있지, 뭐 하러 나왔대?" 말대꾸도 하기 전에 쌩하고 지나가 버린다. 장애인도 날씨와 상관없이 정해진 일정이 있다. 인식의 변화는 혁명보다 어렵다는 게 실감 났다. 그렇다고 신나는 우중 투어를 포기할 순 없어 바다를 향해 힘껏 소리 질렀다. "그런다고 내가 기죽을 줄 알았지? 천만에 당신의 편협한 인식이 가여울 뿐이야~." 내지른 소리는 바다 끝으로 퍼져나간다.

열린관광지로 조성되면서 안목해변의 접근성이 한결 나아졌다. 해변 따라 보행로와 차도가 구분돼 안전하게 걷기 편리하다. 자판기 커피로 유명했던 안목해변은 1990년대 들어서면서 한국의 커피 문화를 이끈 바리스타 1세대들이 강릉에 정착하면서 커피의 메카로

변신했다. 주변에 카페가 하나둘씩 생겨나면서 해변은 온통 카페 천지가 됐다.

안목해변이 커피거리로 소문나기 시작한 것은 자판기 커피 덕분이다. 바다를 바라보며 식후에 즐기는 자판기 커피 한잔은 여유롭고 향기로워 이곳을 찾는 이들에겐 색다른 호강이었다. 이젠 카페들이 들어서면서 자판기가 하나둘 사라져 커피자판기는 몇 대 남지 않았다. 그래도 동전 몇 개로 행복해지는 자판기 커피는 참을 수 없다. 옷이 비에 젖어 한기를 느낄 때쯤 자판기에서 온기 가득 품은 믹스커피가 툭 떨어진다. 한 모금은 바다를 위해, 한 모금은 가늘어지는 빗줄기를 위해, 또 한 모금은 잦아드는 바람을 위해 건배하며 마셨

다. 달빛 쏟아지는 경포대에 올라서 하늘, 바다, 호수, 그리고 술잔과 임의 눈동자, 다섯 개의 달을 위해 술잔을 기울이던 옛 선비의 풍류를 상상하면서 말이다. 가벼운 종이컵에 담긴 커피 맛이 기가 막히다. 달달하고 고소하며 진한 커피는 초콜릿처럼 입안을 감싸며 목젖을 타고 몸속 깊이 파고든다. 한기를 달래기에 충분했다. 꿀 조합의 자판기 커피로 누리는 호사로 세상 부러울 것 없다.

안목해변 곳곳에는 사진 찍기 좋은 조형물이 있다. '바다를 닮은 커피'라는 명칭도 마음에 든다. 오늘 같은 우중 투어에선 '커피'와 '바다'를 애정하지 않을 수 없다. 조형물에 접근성도 양호해 더 맘에 든다. 안목해변 조형물은 죄다 커피잔 모양이다. 역시 커피의 메카답다. 어느새 비는 그치고 바람이 비구름을 몰고 어디론가 흘러간다.

커피향이 바람에 실려 코끝을 자극한다. 바다와 커피, 비와 커피, 바람과 커피, 삼박자가 딱 떨어지는 지금, 매 순간이 다른 것처럼 커피의 맛과 향도 다르다. 여느 때 같으면 화장실 때문에 커피 마시기를 꺼렸지만, 안목해변에서는 그럴 필요가 없다. 열린관광지로 조성된 후 장애인 화장실, 접근성 좋은 카페 등 편의시설이 갖춰져 있기 때문이다. 이뿐만 아니다. 급속충전기도 설치돼 있어 휠체어 배터리 걱정도 없다.

걱정은 접어두고 카페로 들어가 자리를 잡았다. 3층 건물에 엘리베이터가 있어 원하는 층에 자리 잡을 수 있다. 똑같은 커피라도 내가 원하는 자리에 앉으면 분위기도 커피 맛도 다르다. 달콤한 빵 냄새와 향긋한 커피향기가 참을성을 잃게 한다. 달달한 조각 케이크와

헤이즐넛 향 가득한 커피를 주문했다. 커피와 케이크의 조화는 아름다웠다. 오감을 만족시키는 이 시간이 느린 화면처럼 더디 가길 바라본다. 에어컨 냉기가 비 젖은 옷에 스며들어 서늘하지만, 뜨거운 커피가 몸과 마음을 녹인다. 거친 날씨 헤치고 이곳까지 온 내가 또 다른 수행자가 아닐까 생각한다. 경이로운 바다를 바라보는 것만으로도 지금 이 순간이 소중하다.

변화무쌍한 자연은 휠체어 탄 일상을 불편하게 하지만 불행하진 않다. 불편도 익숙하면 불편한지 모른다. 나도, 뭇사람들도 변화무쌍한 자연을 활용하고 때론 순응하며 살아간다. 오랜 세월 척박한 환경을 일구며 이어온 끈기 있는 생명력은 앞으로도 지속될 거다. 지금까지 그래 왔던 것처럼 물은 흐르고 생명은 움튼다.

언제 그랬냐는 듯 조용해진 바다 위로 위태로운 아름다움이 유혹한다. 햇살 한 줌이 구름 사이를 뚫고 나온다. 그 빛으로 생명을 틔우는 작은 꽃들에게서 위대함을 목도한다. 새로운 도전을 위해 떠나온 강릉 커피여행에서 감성은 점점 충만해지고, 한편 자연 앞에서 자신을 비워내고 또 비워내며 또 다른 나를 만난다. 그러고 보면 비워내는 게 얼마나 중요한지, 이곳으로 오는 과정에서 조금 알게 된 듯하다. 때론 멀고 험난한 여정이 내 안의 수없이 많은 나와 조우하게 만들어줄 것이다.

바다를 담은 커피
강릉

12

연곡해변

무장애 캠핑장에서 여름 나기

여행정보

- 강릉역에서 강원장애인콜택시 즉시콜 이용
- 강원 교통약자 콜센터 1577-2014
- **연곡솔향기캠핑장** 033-662-2900
  홈주소: www.pinecamping.or.kr
- 연곡솔향기캠핑장 다수

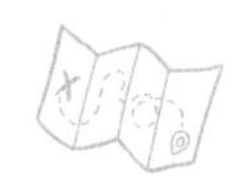

여행은 영혼을 살찌우는 다양성의 교집합이다. 여러 곳을 이동하며 휴식과 체험이 교차하고, 음식으로 추억을 만들기도 하고 소환하기도 한다. 한곳에 머무는 캠핑 여행에서도 마찬가지다. 자연 속에서 밥 짓고 요리하고 바비큐 통에 고기를 굽는 즐거움! 캠핑용 컵에 커피 마시고 자연 풍경 응시하며 멍 때리는 시간은 생각만 해도 입꼬리가 올라간다. 해가 지면 모닥불을 피우고 은하수를 건너며 떨어지는 별똥별을 직관하고, 텐트 속에서 비라도 만나면 낭만은 더해진다. 떨어지는 빗소리에 감성은 더욱 깊어지고 귀 호강은 덤. 이보다 더 좋은 여행이 있을까?

그래서 텐트를 치고, 버너를 켜서 코펠에 라면을 끓여 먹고 풀벌레 소리 자장가 삼아 침낭에서 잠자는 꿈을 꾼다. 언제쯤 상상이 현실이 될 수 있을지 이래저래 궁리한다. 아마도 휠체어 사용인 중 캠

핑 여행의 로망을 가진 사람이 많을 것 같다. 나도 그중 한 사람이다. 전국에 많은 캠핑장이 있지만 휠체어 사용인 등 관광 약자가 접근할 수 있는 캠핑장은 한정적이다. 수요는 급격히 늘었지만 공급이 따라가질 못하니 무장애 캠핑장 예약은 경쟁이 무지막지하다. 특히 여름 성수기엔 더욱 그렇다.

이글거리는 태양은 땡볕을 쏟아내고 사람들은 숨구멍 찾아 그늘로 숨어든다. 여름 풍경에 하늘과 바람과 사람들의 시간이 머물러

있다. 치열한 예약 경쟁을 뚫고 상상이 현실이 되는 캠핑 여행을 떠났다. '강릉 연곡솔향기캠핑장'은 휠체어 사용인도 접근할 수 있는 무장애 카라반이 있다. 솔향기 캠핑장은 열린관광지로 조성되면서 무장애 카라반, 데크형 텐트촌, 샤워장, 취사장, 음수대 등 접근성을 높였다.

카라반 접근성은 단연 돋보인다. 카라반 앞에 장애인 주차장이 있어 차량을 이용하는 캠핑러의 접근성을 높였고, 완만한 데크 경사길이 카라반과 평상으로 이어진다. 평상 위에는 무장애 테이블이 있어 바다를 가까이에서 직관할 수 있다. 카라반 안에도 다양한 편의시설

이 마련돼 있다. 침대와 침구, 싱크대와 조리도구, 샤워실과 화장실까지 휠체어 사용인이 이용하는 데 편리하다. 다만 텐트촌 데크 평상은 조금 아쉽다. 휠체어 사용인도 접근할 수 있는 경사로가 있지만, 정작 휠체어 사용인의 높이를 고려하지 않아 텐트촌 캠핑을 할 수는 없다.

연곡해변에 위치한 솔향기 캠핑장은 여름 휴가철 한정적으로 '관광 약자를 위한 수상 휠체어 체험 프로그램'도 운영한다. 해변 모래밭에 야자 매트가 깔려 있어 바닷물 앞까지 접근 가능하고, 수상 휠체어를 타고 바다에 입수할 수 있다. 게다가 안전요원과 도움 인력

까지 상주해 안전에 만전을 기하고 있다. 해수욕을 하고 나면 샤워 걱정도 덜 수 있다. 편의시설이 설치된 샤워장까지 완비되어 있으니 별이 쏟아지는 해변 여행이 즐거워진다.

또한 이곳에는 무장애 버스정류장과 쉘터도 있다. 승강장 쉘터 안으로 휠체어 탄 여행객이 접근할 수 있는 것만으로도 연곡해변이 모두를 위한 접근성에 노력하고 있다는 것이 엿보인다. 게다가 버스정류장에서 캠핑장 안내소까지 휠체어 보행 길이 있어 안전하다. 매표소와 편의점 접근성도 높였고 안내소에서 급속충전기와 로보힐 전동휠체어도 무료 대여한다. 여행하다 보면 접근성 미비로 방해물을 만날 때가 많다. 모든 여행지가 완벽할 수 없겠지만, 연곡해변 솔향기 캠핑장은 해마다 변화를 거듭한다. 열린관광지 브랜드에 걸맞게 접근성 개선으로 여행에 대한 부정적 인식을 바꾸는 데 기여한다.

여행의 형태는 다양하다. 호캉스, 촌캉스, 캠핑 등 한곳에서 일정 기간 머무는 여행은 정서적으로 안정되고 시끄러운 감정을 차분하게 한다. 빡빡한 일정을 쫓는 여행을 뒤로하고 풍경에 동화되는 캠핑은 도파민도 폭발시킨다. 동선을 최소화하며 책도 읽고 휴대폰으로 영화도 보며 풍경과 동화될 수 있는 멀티콘텐츠다. 연곡솔향기캠핑장에 낭만이 솟아오른다. 태양이 반짝반짝 금가루를 뿌리며 길고 평온한 하루를 이어준다. 빛에도 호흡이 있고, 어둠에도 호흡이 있다. 온 우주의 생명도 호흡하며 순환한다. 나를 둘러싼 내 몸의 우주도 긴 호흡의 시간을 갖는다.

13

초당 고택

허난설헌, 초희 언니를 만나러 가는 길

여행정보

- 강릉행 KTX
- 강원 교통약자 콜센터 1577-2014
- 기념관 앞 다수
- 기념관 앞 다수

비우니 가볍고, 낮추니 즐겁다. 욕심을 비우는 것, 뱃속에 찬 것을 비우는 것도 그렇다. 비우고 싶을 때 비울 곳 찾아서 헤매다 임계치에 달하면 쥐구멍에라도 숨고 싶고 내가, 내가 아니었으면 한다. 그런데 유체이탈, 그런 건 있을 수 없다. 그냥 본능 따라 비워야 할 뿐이다. 그렇지 못하면 대형참사가 일어난다. 몸과 영혼은 하나이기에 차면 비우는 건 무엇보다 중요하다.

마음을 헤집고 다니는 격한 감정을 비우러 강릉행 기차에 올랐다. 기차는 화살촉처럼 도심을 벗어나 초록 들판을 내달린다. 어지러운 감정에 잠시 눈을 감고 생각의 소용돌이 속으로 빠져들었다. 강릉역에 도착한다는 안내방송에 정신을 차리고 서둘러 리프트를 타고 내렸다. 장애인콜택시를 불렀다. 얼마 지나지 않아 장콜은 짙은 녹음으로 가득한 조선시대 가옥 앞에서 나를 내려줬다. 강릉은 산, 바다,

도심까지 무장애 여행에 최적화된 도시다. 오죽하면 옛 선인들이 관동팔경 중 경포대를 명승지로 정했을까. 게다가 열린관광지도 많다. 누구나 소외됨 없이 여행할 수 있는 열린관광도시다.

고즈넉한 고택은 허초희 언니가 어릴 때 살던 곳으로서 '허균 · 허난설헌 기념관'과 초당 고택이 있는 열린관광지이다. 허난설헌은 허초희 언니의 '호'. 허난설헌은 16세기 인물로 신사임당과 더불어

강릉이 자랑하는 조선 최고의 여성 문학가이다. 같은 세기를 살았어도 사임당(신인선) 언니와 난설헌(허초희) 언니는 다른 세대를 살았다. 사임당 언니는 1504년생으로 47세를 살았다. 아들과 딸이 공평하게 부모 재산을 증여받던 시대였고, 남자가 장가가던 시절이었다. 반면 허초희 언니는 1563년생으로 27세를 살았다. 남녀를 구분해서 차별하고, 여자가 시집가던 첫 번째 세대다.

허초희 언니는 타고난 문장가, 당대 지식인인 허엽의 딸로 태어났다. 관찰사까지 지낸 금수저 집안에 태어난 허초희 언니는 어릴 때부터 신동 소리를 들으며 수준 높은 시를 지어 가족과 주변을 놀라게 했다. 초희 언니의 재능을 키워준 사람은 스승 이달이었다. 이달은 뛰어난 학문을 겸비한 사람이었지만 서인 신분으로 관직에 나가지 않았다. 이달에게 수학한 초희 언니는 사회적 차별에 대한 비판을 글로 남길 수 있었다. 그러나 초희 언니도 사회 제도를 거부할 수 없었다. 열다섯 살에 아버지가 정해준 안동 김씨 명문가로 시집을 갔다. 남편 김성립은 과거에 번번이 낙방하며 학문을 게을리했다. 자신보다 뛰어난 아내 초희의 학문과 문장에 열등감이 있었다. 공부한다며 가장의 역할을 소홀히 했고, 고된 시집살이에 초희 언니가 의지할 건 두 명의 '금쪽이'뿐이었다.

하지만 초희 언니는 딸을 전염병으로 잃고 이듬해 아들마저 가슴에 묻어야 했다. 자식을 잃은 충격과 슬픔으로 배 속에 있던 핏덩이도 사산하고 말았다. 엎친 데 덮친 격으로 친정아버지와 오빠도 객사하고 말았으니, 모든 걸 잃은 초희 언니는 자신을 한탄했다. 조선에서, 여자로 태어나고 김성립에게 시집간 것이 한이라고 했다. 그렇게 스물일곱 꽃다운 나이에 초희 언니의 삶은 끝났다. 자신의 유작을 모두 불태워 없애버리라고 동생 허균에게 유언을 남겼지만, 허균은 누이의 시문을 연기로 날려 보낼 수 없어 작품 일부를 중국 사신에게 보여줘 가치를 인정받았다. 그로 인해 중국과 일본 등 국외

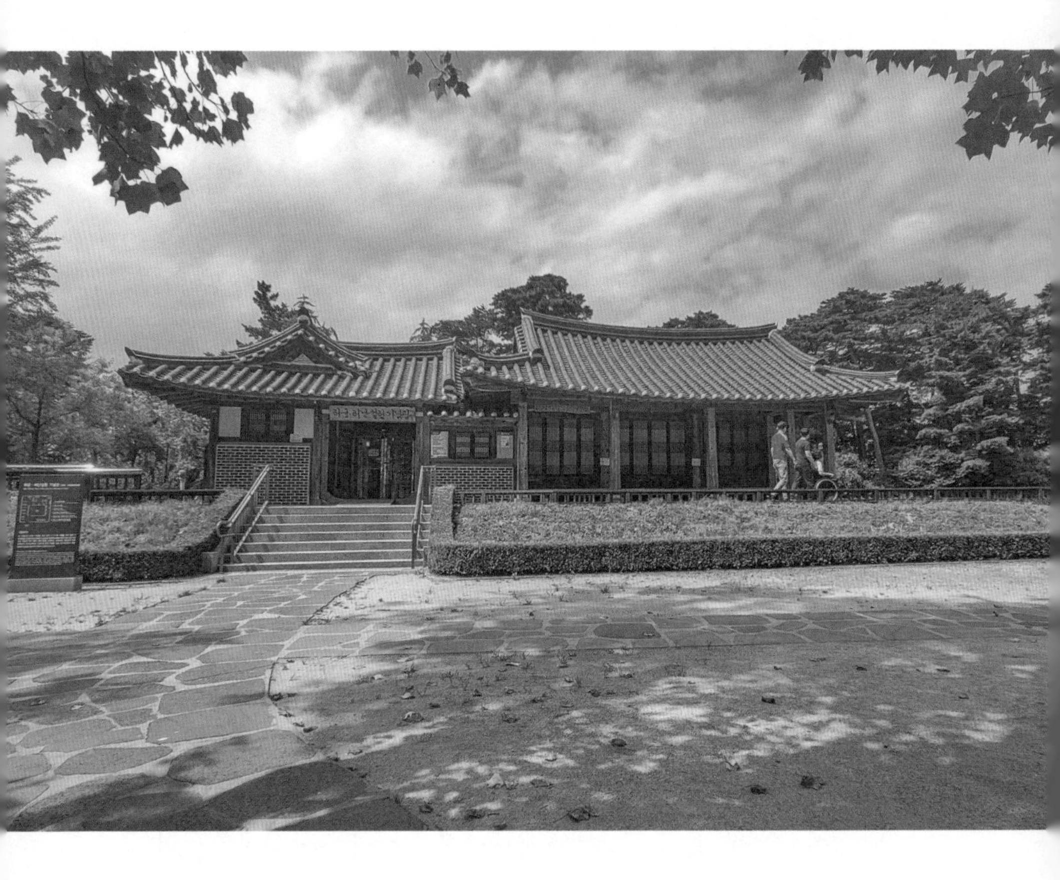

에서부터 이름을 떨쳤다고 한다.

'허균 · 허난설헌 기념관'은 아름드리 소나무가 하늘을 가린다. 황금빛 감도는 금강소나무 사이로 파란 하늘이 헤집고 나온다. 소나무가 뿜어내는 피톤치드에 마음속 가득했던 잡념의 찌꺼기까지 싹 씻겨나가는 것 같다. 열린관광지로 조성된 후 관광 약자들의 접근성이 놀라울 정도로 개선되었다. 이전에 왔을 때와 접근성을 비교하면 비교가 불가할 정도다. 보행로 박석을 황토 시멘트로 촘촘히 발라 휠체어 보행도 안전하다. 건물 접근성도 걱정을 덜었다. 주차장에서 허균 · 허난설헌 기념관 진입로에 경사로를 만들어 장벽을 없앴다. 기념관 양쪽으로 데크 길도 있다. 기념관 내 보행로는 휠체어 탄 관람객도 불편이 없다. 다만 관람을 마치고 밖으로 나오는 마지막 구간 문은 휠체어 통과는 문제없지만 다소 폭이 좁다. 기념관 밖으로 나와 초희 언니 조형물로 갔다. 초희 언니가 살았던 시대의 아픔이 떠올랐다. 정략결혼은 초희 언니를 힘들게 했다. 사랑하는 자식의 죽음까지 겪으며 한 많고 짧은 생을 살다 간 허초희 언니. 그녀의 삶은 21세기 장애 여성의 삶과 묘하게 닮아 있다.

달나라도 가는 21세기임에도 장애 여성은 다중 차별이 교차 차별로 이어져 억압된 삶을 살고 있다. 모성권, 노동권, 교육권, 건강권, 자립생활권 등 뭐 하나 평등한 게 없다. 2020년 장애인 실태조사에 따르면, 장애 여성의 학력은 무학과 초졸 비율이 54.5%로서 장애 남성 24.9%보다 높은 것으로 나타났다. 고등학교와 대학 이상은 29.7%로서 장애 남성 55.8%보다 훨씬 낮다. 장애 여성은 여전히 초희 언니가 살았던 16세기 후반의 삶을 살고 있다. 대표적인 장애인 단체장도 대부분 장애 남성이고 소규모 단체장도 장애 남성 비율이 현저히 높다.

장애 여성의 사회 진출은 어렵고 험난하다. 장애 여성 지원법 제정은 정권이 바뀔 때마다 약속받지만, 매번 국회 문턱을 넘지 못해 폐기를 반복한다. 차별이 차별인 줄 배우지 못하면 기울어진 제도와 관습에 순응하고 살아야 한다. 장애 여성의 교육권을 확보하고 장애 여성으로서 정체성이 확립될 때 공정하지 못한 사회에 저항할 수 있고, 인식 개선에 앞장서 공정하고 평등한 사회를 만들 수 있다.

장애 여성의 정체성으로 무장하고 차별에 맞서 길을 열어준 언니들이 있다. 중증 장애 여성으로 한국 최초 17대 국회의원으로 활동하며 장애인의 삶을 개선하는 법률 제정을 이끈 장향숙 의원이다. 장향숙 언니는 어릴 때 소아마비로 중증 장애를 가지고 살았다. 심한 장애로 모든 권리에서 제외됐다. 그럼에도 학구열은 남달랐다. 독학으로 사회의 불평등을 꿰뚫어보는 지성인이 되었다. 그녀의 개념 있는 인식과 혜안은 우리 시대 장애 여성들의 롤모델이다. 김효진 언니도 장애 여성의 롤모델이다. 인권활동가와 작가로 활동하는 김효진 언니의 책은 나에게 늘 깨어 있으라고 한다. 〈오늘도 차별, 그리고 삶〉, 〈착한 아이 안 할래〉, 〈달려라 송이〉, 〈특별하지도 모자라지도 않는〉, 〈모든 몸은 평등하다〉 등 다수의 책을 출간한 베테랑 작가다. 게다가 효진 언니의 인권 활동은 무한대이다. 장향숙, 김효진, 두 언니는 내가 장애 여성으로서 정체성을 가지는 데 지대한 영향을 주었다.

초희 언니 조형물을 뒤로하고 생가터인 초당 고택으로 갔다. 오래된 문턱은 보존을 위해 훼손하지 않고 뒷문으로 진입 가능하다는 친절한 안내판이 있다. 걸음을 멈추니 고택 정문으로 들어오는 풍경에 넋을 놓는다. 풍경이 참 예사롭지 않다. 배롱나무의 꽃이 황토 담장과 어우러져 초희 언니가 쓴 시 속의 장면 같다. 어쩌면 초희 언니가 배롱나무의 꽃으로 환생했을는지도 모른다. 아마도 초희 언니는 근사한 이 풍경과 어울리는 시인이자 화가가 될 숙명이었던 것 같다.

농익은 노을이 고택 안에서 옅어지고 어느덧 낮과 밤이 만나 땅거미가 내려앉기 시작한다. 바람이 이끌고 시간이 빚어낸 이 풍경이 마치 마술을 부려서 말을 앗아간 것 같았다. 시간과 세대를 거슬러 만난 초희 언니의 삶에서 경이로운 아름다움을 발견한다. 고요하고 압도적이며 신비롭기까지 한 짧은 여정은 어쩌면 이해받지 못한 데서부터 시작된 것 같다. 초희 언니와의 만남은 이 시대 장애 여성과 닮은 꼴을 찾는 '연대의 여정'이다.

14

솔향수목원

철쭉원 → 사계정원 → 천년숨결 치유의 길

사계절을 느끼고 만지고 싶다면?

여행정보

- 강릉역에서 강원 장애인 콜택시 즉시콜 이용
- 강원 교통약자 콜센터 1577-2014
- 수목원 입구에 카페
- 솔향수목원 곳곳

여행, 쉬어가는 시간이고 내일을 위한 오늘의 쉼표다. 몸도 마음도 향기로워지는 여행. 하늘에서 천연(?) 미스트를 뿌려주는 날에도 발걸음을 이어가다 보면 몽글몽글한 감성이 뭉게구름처럼 피어난다.

열린관광지가 가득한 강릉에서 솔향수목원에 이르는 접근성도 좋다.

그 이유야 열린관광지로 조성됐기 때문이다. 솔향수목원 입구에 도착하자 피톤치드가 마구 쏟아진다. 맑은 공기를 폐부 깊숙이 들이마시니 머릿속까지 맑아진다. 수목원 입구 카페의 접근성이 특히 눈에 띈다. 열린관광지 조성 전엔 접근할 수 없었던 곳이 열린관광지 조성 후 카페에서 느긋하게 차를 마실 수 있게 됐다. 솔향수목원에

전시온실

사계절을 느끼고 만지고 싶다면?

는 기상과 자태가 고운 금강소나무가 백두대간 동쪽의 동해바다를 바라보며 자생하는 것으로 유명하다.

솔향수목원에 진입해 철쭉원 일원으로 올라갔다.

철쭉꽃은 지고 없지만, 푸른 숲이 우거져 관람객을 맞는다. 길을 따라 아름드리 금강송이 하늘을 향해 기립하고 산새들이 노래한다. 철쭉원이 특별한 건 식물 찾기 안내 음성판이 있기 때문이다. 안내 음성판에는 철쭉원에 대한 촉지 설명도 있어 동행한 시각장애인 지인이 무척 흡족해했다. 손끝으로 읽는 촉지 글은 철쭉원에 있는 꽃을 확인하고 철쭉의 다양성을 알 수 있을 정도로 충분하다. 산철쭉, 백철쭉, 겹철쭉, 자산홍, 영산홍, 진달래까지 여러 철쭉이 이곳에서 자생하고 있다.

조금 걷다보니 사계정원과 만난다.

사계정원은 계절별로 수목과 다양한 꽃의 개화기를 적절하게 안배해 계절 별로 피는 꽃을 지속적으로 볼 수 있다. 수목원에서는 자연의 변화를 직접 체험할 수 있는 정원도 있다. 화사하게 깨어나는 봄에는 철쭉을 비롯해 올망졸망 물망초, 한들한들 아네모네, 튤립, 라넌큘러스, 겹벚꽃나무, 꽃양귀비, 산철쭉, 단풍나무, 꽃복숭아 등이 봄꽃을 자랑한다.

푸름을 더해가는 여름에는 물놀이와 숲에서의 여름 이야기가 펼쳐져 아이들의 호기심을 자극한다. 아이들은 숲에서 뛰어놀며 자연을 배운다. 단풍이 아름다운 가을에는 엽서 쓰기 행사가 이어진다. '가을엔 편지를 하겠어요~ 누구라도 그대가 되어~' 노래가 저절로 떠오르는 곳이다. 포근한 눈꽃이 아름다운 겨울엔 설국을 만난다. 강릉은 눈의 나라이기도 하다. 솔향수목원은 사계절을 직접 느끼고 만날 수 있는 곳이다.

솔향수목원 곳곳의 조형물은 감성을 자극한다.

소녀 조형물은 식물에 물을 주고 가을 장미는 색깔이 더 선명하다. 장미가 봄꽃이라는데 이제 아닌 것 같다. 봄에도, 여름에도, 늦가을까지 장미꽃이 좋아하는 온도만 맞으면 언제든 화려한 꽃이 핀다. 수목원에는 데크 길도 다양하다.

천년숨결 치유의 길은 걷는 것만으로도 마음이 안정된다.

15

정동진

정동진역 → 모래시계공원 → 전망대 → 모래시계광장 → 바다 부채길

광화문에서 정동쪽에 있는 나루터 마을

여행 정보

- 정동진역에서 하차
- 강원 교통약자 콜센터 1577-2014
- **썬크루즈호텔 & 리조트** 033-610-7000
- 정동진역, 일월교 근처 다수
- 정동진역, 모래시계공원 등 다수

시간은 유한하고 끊임없이 순환한다. 모든 것은 소멸을 향해 가는 과정이고 누구나 주어진 시간에 안식처에 도착한다. 과거의 모든 시간이 그것을 증명한다. 눈에 보이지 않고 손에 잡히지 않지만 우리 존재는 시간으로 묶여 있다. 그렇기에 행복한 꿈만 꾸기에도 삶이 너무 짧다. 늘 새로이 생성되는 시간에 올라타고 여덟 시 기차를 탔다. 열차는 시공간을 뚫고 소리 없이 서울을 빠져나간다. 어느덧 환승해야 할 강릉역에 도착했다. 강릉역에서 열차를 갈아타고 정동진역으로 향했다. 한 시간 남짓 정동진역으로 가는 길 따라 바다가 시원하게 펼쳐졌다.

정동진역에 도착해 바다를 만났다. 정동진역은 세계에서 바다와 가장 가까운 역으로 기네스북에 올라 있다. SBS 드라마 〈모래시계〉 촬영지로 유명세를 타면서 매일 청량리역에서 정동진역까지 해돋

이 열차가 운행된다. 열차 시간을 기다리며 승강장 벤치에 앉아 수평선을 바라볼 수 있는 정동진역은 낭만 가객들의 필수 코스이다.

정동진은 광화문에서 정동쪽에 있는 나루터 마을이란 뜻이다. 역사 주변은 다양한 테마로 꾸며진 공원으로 조성됐고 모래시계 소나무, 정동진 시비를 만날 수 있고 레일바이크도 탈 수 있다. 레일바이크 승강장으로 접근성은 좋지만, 전동휠체어를 탄 채로 레일바이크를 탈 순 없어 옮겨 앉아야 한다.

2
정동진
Jeongdongjin
正東津
강릉
Gangneung
묵호
Mukho

플랫폼을 나와 정동진역 안으로 들어갔다. 대합실은 여전히 작고 소박한 공간이다. 기차를 기다리는 사람들은 티비를 보다가도 시계를 연신 쳐다본다. 대합실 안에 전동휠체어 충전기 등 다양한 편의시설이 갖춰져 있다. 역사를 빠져나와 모래시계공원으로 갔다. 모래시계공원은 열린관광지로서 접근성이 한결 나아졌다. 모래시계공원까지 데크 길이 이어진다.

데크 길에서 처음 마주한 곳은 '정동진 시간 박물관' 전망대이다. 휠체어 탄 여행객은 기차와 연결된 전망대 2층까지만 승강기로 접근이 가능하다. 전망대에 들어서는 순간, 흐르는 시간을 멈출 수 있을까? 질문이 시작된다. 시간을 멈추고 싶을 때가 가끔 있다. 모든 것이 순간, 멈추면서 세상이 조용해졌으면 할 때. 영화나 드라마에선 과거로 시간을 돌리거나 미래로 빠르게 돌려 운명을 바꾸는 장면

광화문에서 정동쪽에 있는 나루터 마을

들이 나온다.

어쩌면 현실에서 실제 그런 일이 벌어졌을 수도 있겠다 싶다. 다만 현실에 사는 사람들이 알아채지 못하게 지나갔을 수 있겠다 싶다. 미래를 예언하는 건, 어쩌면 시간을 앞으로 감고 뒤로 되감은 일이다. 예언가들은 21세기엔 손끝으로 세상을 보고 소통하고 실시간으로 만날 수 있다고 했다. 그런 세상을 지금 우리가 살고 있다. '만약 우리에게 남은 날이 딱 하루뿐이라면 당신은 무엇을 가장 하고 싶으세요?' 하는 질문이 여러 생각을 하게 한다. 딱 하루만 내게 남은 시간이라면 조용히 나를 뒤돌아보는 시간으로 채울 것 같다. 그동안 잘 살아줘서 고맙다고 자신을 칭찬하면서.

전망대를 나오면 바다를 배경으로 휠체어 탄 여행객도 접근 가능한 포토존이 있다. 네모난 액자 속에 바다를 들여놓고 사진을 찍을 수 있다. 액자 조형물은 여행지마다 다양한 형태로 사진 찍기에 안성맞춤이다. 액자를 보다가 문득, 생각의 틀은 어떻게 형성되는지 생각해 본다. 그리고 내 생각의 틀은 어떤 형태인지 궁금해진다. 생각의 틀이 생기면 좀처럼 벗어나기 쉽지 않다. 장애인에 대한 편견도 생각의 틀에 갇힌 것에서 기인한다. 그 틀을 깨기 위해 장애 인식 개선에 애쓰고 있다. 하지만 정치인이나 유명인이 잘못된 인식을 드러낼 때마다 공든 탑이 무너지는 건 한순간이다. 무너진 탑을 다시 쌓기 위해 장애인들은 자신을 노출하며 끊임없이 노력한다. 포토존에서 사진을 찍고 모래시계광장으로 갔다. 광장에는 원형의 커다란 모래시계가 있다. 새천년을 맞아 희망과 발전을 기원하며 조형물을 세웠다. 시간은 보이지 않지만, 모래 알갱이가 일정한 속도로 떨어지면서 일 년이라는 시간을 가늠할 수 있다.

광장에는 증기기관차로 만든 시간박물관과 카페도 있다. 정동진의 명소가 된 시간박물관 기차는 무지개색처럼 여덟 량으로 구성돼 있다. 시간이 어떻게 만들어지고 무심코 흘려보내는 시간이 얼마나 소중한지 알려준다. 증기기관차에는 경사로가 마련돼 있고 벨을 누르면 직원이 나와 도와준다. 다만 시간박물관 안으로 들어가면 현장에 비치된 수동휠체어로 갈아타야 한다. 전동휠체어를 타는 난, 안

광화문에서 정동쪽에 있는 나루터 마을

으로 들어가는 걸 포기했다. 휠체어는 자신의 장애 상태에 맞게 세팅돼 있어 다른 휠체어로 옮기면 몸의 균형이 무너지고 휠체어 컨트롤도 서툴러 안전사고가 발생하기 쉽다. 바다 부채길로 발길을 옮겼다.

바다 부채길 가는 길에는 이정표가 잘 표시돼 있어 길 따라가면 된다. 먼저 일월교 지나 왼쪽으로 바다를 끼고 걷다 보면 바다 전망대가 있다. 전망대 끝 광장에서 바다를 응시하며 누군가를 기다리는 소녀 조형물이 인상적이다. 소녀가 응시하는 건 바다 위에 있는 조형물 같다. 바다 위 조형물은 낚싯대와 비슷해 보이지만 해시계다. 사각형 해시계 바닥에 그림자가 걸치는 시간이 정확하다. 바닷물이 검게 보이는 곳은 해변 모래를 보호하는 수중 방파제가 있는 지역이어서 선박에게 조형물이 있다고 경고하는 역할을 겸한다.

바다 전망대를 나와 부채길을 따라갔다. 바다 부채길 절벽 위에는 '사공이 많아 산으로 갔다'는 풍문이 전해지는 썬크루즈가 정박해 있다. 아름다운 해돋이를 볼 수 있는 정동진 썬크루즈는 조선소에 특별주문해서 건조한 실제 '배'라고 한다. 썬크루즈 리조트는 정동진 조각공원의 상징물이기도 하다. 사계절 푸른 동해를 감상할 수 있어 인기 있는 곳이다.

바다 부채길은 정동매표소에서 전망타워, 몽돌해변, 부채바위, 투

구바위, 몽돌해변광장, 해상광장, 심곡매표소까지 3킬로미터 남짓 해안 절벽 데크 길이다. 바다를 향해 부채를 펼쳐놓은 모양과 비슷해서 부채길이라고 한다. 그동안 해안 경비로 인해 닫혀 있던 곳을 일반에게 공개하면서 천혜의 비경을 감상할 수 있다. 부채길은 오전 9시부터 오후 6시까지 출입이 가능하다. 정동매표소를 지나면 해상광장이다. 쉬어갈 수 있는 벤치도 있고 화장실도 있지만 장애인 화장실은 없다. 해상광장을 지나면 몽돌해변 광장이다.

몽돌해변 광장엔 요즘 유행하는 천국의 계단이 있다. 하지만 계단과 휠체어 탄 사람은 상극이다. 계단 위 풍경이 아무리 근사해도 휠

광화문에서 정동쪽에 있는 나루터 마을

체어 탄 사람에겐 별로다. 마치 이솝 우화의 '여우와 포도'에 나오는 포도 처럼 생각된다. 이곳에는 빨간색 자동차도 조형물이다. 이곳까지 차량을 어떻게 가져왔는지 궁금하다. 발길을 옮기다 보면 '소원의 길'에 돌탑들이 있다. 지나가는 사람들이 소망을 담아 정성껏 돌탑을 쌓는다. 소원의 길을 끝으로 휠체어 탄 여행객은 되돌아가야 한다. 계단이 길을 막고 있기 때문이다.

왔던 길을 돌아 나오면서 이번 여정의 목적지가 눈앞에 보인다. 부채길은 넓은 바다가 아늑하게 감싸고 자연과 함께 호흡할 줄 아는 사람들의 지혜가 깃든 곳이다. 나도 그 속에 깃든 한 사람이고 싶다.

16

동해

묵호역 → 묵호 등대 → 해맞이 길 → 망상해변 → 대진해변

바닥난 에너지를 채우는
나만의 아지트

여행정보

- 동해역, 묵호역에서 하차
- 강원 교통약자 콜센터 1577-2014
- **망상 해변 캐빈하우스** 033-539-3600
- 추암해변, 묵호 까막바위 앞, 묵호어시장 등 접근 가능한 식당과 카페에서 골라먹는 재미
- 추암해변 광장/ 조각공원/ 묵호어시장/ 까막바위 앞/ 망상해변

서울역에서 KTX 타고 동해시 묵호역에서 내렸다. 묵호는 휠체어 사용자 등 관광약자가 여행하기 편리한 곳이다. 묻지도 따지지도 않고 묵호역에서 묵호 등대로 바로 갔다. 등대에 들어서면 푸른 동해가 파란 하늘과 맞닿아 있다. 묵호 등대는 영화 〈미워도 다시 한 번〉 촬영지이기도 하다. 1968년 정소영 감독이 연출하고 문희, 신영균, 전계현, 김정훈이 출연한 영화로 당시 한국 영화 흥행 신기록을 세운 화제의 작품이다. 〈미워도 다시 한 번〉의 영향력은 이후 한국 멜로 드라마의 지형을 바꿀 만큼 대단했고, 최근까지도 영화 역사가들은 한국 영화사상 가장 중요한 작품 중 하나로 꼽는다.

묵호 등대에 '행복한 논골 우체통'은 공중전화 박스에 담겨 있다. 요즘은 여행지마다 '느린 우체통'을 다 운영하는 것 같다. 여행지의 감정을 엽서나 편지지에 써서 보내고, 일 년 후 집에서 받으면 당시

의 감성이 새삼스럽기도 하고 그때 이런 생각을 했었나, 싶어 쑥스럽기도 신기하기도 하다. 묵호 등대의 느린 우체통은 빠질 수 없는 여행 콘셉트다.

묵호 등대에 새로운 명소가 하나 더 늘어났다. '동해 도째비골 스카이밸리'다. 스카이밸리는 묵호 등대와 월소택지 사이의 도째비골에 동해의 아름다운 풍광을 즐길 수 있도록 전망시설과 체험시설을 조성해 묵호의 핫한 여행지로 사랑받고 있다. 스카이밸리는 강화유리로 만든 전망대도 겸하고 있는, 공중에 떠 있는 투명 길이다. 이 길을 걸을 때면 넷플릭스 드라마 〈오징어 게임〉이 생각난다.

〈오징어 게임〉의 유리로 된 징검다리에서는 일반유리와 강화유리를 뒤섞어 운 좋은 사람만 살아남는다. 스카이워크로 들어설 때면 간혹 강화유리가 깨질까, 전동휠체어 탄 여행객의 출입을 막거나 현장에 비치된 수동휠체어로 갈아타라고 한다. 전동휠체어 무게는 대략 100~160kg이다. 사람이 타고 짐까지 실어도 대략 270kg 미만이다. 스카이워크가 전동휠체어 무게를 못 견디고 깨질 정도면 애초에 허가가 나지 않을 것이다. 스카이워크엔 수많은 사람이 하루 종일 오가며 사진도 찍고 논다. 전동휠체어 탔다고 스카이워크를 지날 수 없다면 처음부터 안전에 결함 있는 스카이워크다. 휠체어는 장애인에게 다리와 신발 역할을 한다. 어떤 신발을 신을지는 당사자가 자신의 장애 상태에 따라서 알아서 선택한다. 그 선택은 어떤 상황에서도 존중되어야 한다.

투명한 길 따라 전망대 끝까지 가면 온몸에 소름이 돋고, 다리가 후들후들 떨린다. 발아래는 천 길 낭떠러지, 눈앞에선 동해가 손짓한다. 풍경은 멋지지만, 심장은 빠르게 뛴다. 멋진 풍경은 무서움을 동반하면 더 짜릿하다. 뛰는 가슴을 진정시키려 엘리베이터 타고 아래로 내려갔다가 해랑 전망대 가는 길이 너무 가팔라 다시 올라왔다. 묵호에는 묵호 등대, 스카이밸리, 논골담, 해랑 전망대까지 인생샷 명소가 가득하다. 논골담은 산동네이고 계단 천지여서 휠체어 탄 여행객은 논골담으로 내려가는 것은 불가하다. 벽화로 가득한 논골담 대신 바다로 빠져들어 갈 것 같은 길로 가기로 했다.

해맞이 길을 따라가다 삼본아파트 삼거리에서 오른쪽으로 내려가는 길이다. 이 길은 일출로와 이어진다. 언덕에서 해맞이 길로 내려가는 풍경이 과히 장관이다. 이 길은 tvN 드라마 〈마더〉에서 주인공 수진이 혜나와 함께 도망치던 길이다. 혜나의 담임선생님 수진이 가정 내 아동폭력을 눈치채고 혜나를 지옥에서 구출하려 보호자를 자처한다. 드라마 초반 배경이 내가 좋아하는 묵호 '바람의 언덕'이다. 이 길의 아름다움은 드라마를 통해서도 선명히 드러나고 휠체어를 타고 내려가면서도 극도의 아름다움에 빠져든다. 이름을 '마더의 길'이라고 내 마음대로 정했다. 그래서 이 길은 지옥에서 해방된 수진과 혜나의 길이고, 고된 일상에서 해방된 여행자의 길이기도 하다.

그러고 보면 묵호와의 인연은 오래됐다. 공동체 라디오 〈그녀들의 수다〉를 방송할 때 그녀들과 무작정 여행을 감행했다. 거침없는 그녀들의 앙큼상큼 일탈 여행으로 우린 결연하게 묵호 여행을 떠나기로 했다. 청량리역에서 무궁화호 기차를 타면 여섯 시간, 묵호역에 도착했다. 그때만 해도 동해로 가는 대중교통은 무궁화호밖에 없었다. 역에서 내리면 기차와 승강장의 단차가 어마무시하게 높았다. 기차에서 승강장으로 경사로를 쭉 빼고 가파른 경사로 따라 휠체어 탄 승객이 오르고 내렸다. 엄청난 경사 때문에 역무원부터 승무원까지 총동원, 휠체어가 미끄러지지 않게 앞에서 받치고 뒤에서 당기며 아슬아슬 외길 같은 경사로를 내려오던 기억. 어찌나 위험하던지 까딱했다간 휠체어가 전복되는 불상사가 발생할 우려가 다분했고, 그런 위험은 어디를 가나 다반사였다.

장애인이 접하는 물리적 환경이 너무 폭력적이어서 목숨 걸고 여행하던 시절이었다. 그럼에도 용기 있게 길을 나섰던 묵호 여행. 사람들은 휠체어 타고 온 우릴 신기해했고 이 먼 곳까지 어찌 왔는지 궁금해했다. 멍멍이의 시선도 우리가 사라질 때까지 쫓아왔다. 다행인 건 장애인이 운영하는 '해변민박'이 있어 숙박 걱정은 덜었다. 그러나 묵호에선 다른 이동 수단이 없었다. 전동휠체어 타고 묵호 등대와 논골담, 묵호 어시장, 망상해변까지가 이동할 수 있는 거리였다. 숙소에서 망상해변까지 6킬로미터 남짓했는데 보도 중간에 전봇대와 턱, 가로수가 길을 막아 차도로 가야 했다. 참 무식한 환경이었지만 그럼에도 장애인이 자꾸 밖으로 나가서 장애인도 돈 쓰는 여행자라고 알려야만 했던 시절이었다.

이제 묵호의 명소 여행지에도 변화가 일고 있다. 장애인 화장실도 가는 곳마다 생겨나고 식당의 턱은 점점 사라져가고 있다. 호텔에 무장애 객실도 늘고 장애인 콜택시와 저상버스도 지속적으로 확충돼 이동 걱정을 덜고 있다. 지금은 무식해서도 무모해서도 안 될 무장애 여행. 이젠 장애인도 안전하고 보편적인 여행의 권리가 보장되어야 한다.

바다로 빨려 들어갈 것 같은 마더의 길은 '해맞이 길'과 연결된다. 오른쪽은 어달항과 논골담, 해랑 전망대 가는 길이고, 왼쪽으로는 대진해변과 망상해변까지 이어진다. 망상해변까지 휠체어 타며 걸

으며 대진해변도 들렀다 가기로 했다. 대진해수욕장은 수심이 낮고 파도가 적당해 서핑을 즐기기에 최적의 장소이다. 파도와 함께 절경을 만들어내는 갯바위, 드나드는 선박이 바닷가 마을 풍경을 아늑하게 만들어준다. 경복궁의 정동방은 대진항이라고 한다. 정동진이 광화문에서 정동이라던데, 어느 것이 맞는 말인지 여행자로서는 헷갈리기도 한다.

대진항을 둘러보고 망상해변으로 발길을 이어갔다. 일출로 따라 망상해변까지 해파랑길을 내어 자전거 라이더들은 동해안을 종주한다. 휠체어 타는 사람도 안전한 길로 갈 수 있게 됐다. 망상해변과 이어진 해파랑길, 망상역 옆 망상수련원까지 장미꽃 넝쿨이 담장을 휘감으며 이어져 있다. 지금은 기차가 서지 않는 망상역이지만 망상해변을 찾는 이가 많을 때는 사람들로 붐비기도 했다. 망상해변 오토캠핑장은

2018년 열린관광지로 선정되었지만, 접근성이 여전히 부족하고 불편하다. 카라반에 경사로를 설치해 휠체어 타고 올라갈 순 있지만, 정작 카라반 진입 문은 턱이 있고 카라반 내부에는 회전 공간이 없어 휠체어 탄 사람이 이용하기엔 불편하다. 차라리 리조트나 캐빈하우스에서 숙박하는 것이 접근성 면에서는 훨씬 유리하다.

망상해변은 데크 길이 만들어져 있어 휠체어 탄 사람도 해변 가까이 접근하기 편리하다. 휠체어 타고 바닷물 가까이까지 갈 수 있는 건 쉽지 않은데 망상해변은 데크 길 중간쯤 회전 공간도 있어 돌아나올 때도 편리하다. 해변 초입의 빨간색 시계탑이 망상의 상징처럼 우뚝 서 있다.

낯선 듯 낯설지 않은 동해는 여행자의 빈 마음을 가득 채워준다. 살다 보면 일상에서 살짝 벗어나 마음 둘 곳이 있는 건 자신만의 아지트가 생기는 것이다. 그렇게 바닥난 에너지가 마음 가득 충전돼 발걸음이 가벼워진다. 해거름은 느긋하고 그 걸음 마중한 동해는 경쾌하다.

17

춘천

춘천역 → 소양강 스카이워크 → 에티오피아 참전 기념관 → 공지천 → 강춘역

공지천에서 강촌역까지
라이딩 핫스폿

여행 정보

- 춘천역에서 소양강 스카이워크까지 1킬로미터 남짓
  소양강 스카이워크에서 공지천을 끼고 강촌역까지
  북한강 자전거 길
- 춘천역 앞 닭갈비집 다수/ 소양강 스카이 워크 앞 다수/
  북한강 자전거길 중간 상상마당 카
- 춘천역/ KT 상상마당/ 춘천 케이블카 승강장/ 킹카누 승선장 앞/ 강촌역

반짝이는 가을 햇살이 내리는 공지천에는 온화한 기운이 감돌고 그 볕 따라 윤슬이 바람에 일렁인다. 춘천은 가을에도 봄 같은 날씨가 이어진다. 호수의 도시, 젊음의 도시 춘천은 그래서 늘 사람들이 모여든다. 북한강에서 자전거 라이딩을 시작하거나 끝내기도 한다. 휠체어 라이딩도 하기 좋은 코스다. 소양강 스카이워크에서 북한강 휠체어 라이딩을 시작했다. 장애인 화장실, 무장애 테이블 등 접근성이 무난한 열린관광지라 춘천 여행길은 여기서부터 시작하기 좋다.

스카이워크에 들어서는 순간 심장이 멈칫해 잠시 숨을 고른다. 투명 강화유리 아래로 공지천이 흐르고 물속까지 훤히 들여다보일 정도로 아찔해 휠체어 조종기를 쥔 손끝이 가늘게 떨린다. 강 위를 걷는 것 같은 아슬아슬함을 견디고 포토존이 있는 저 끝까지 갈 수 있을까, 걱정이다. 아래를 볼수록 움직임이 둔해지고 침 넘김 소리가 크게 들려온다. 용기를 내어 투명 강화유리가 조금 가려진 배관 쪽으로 서서히 움직인다. 조마조마한 마음을 꾹 누르고 원형 광장 끝에 도달했다. 사방이 투명 강화유리니 물 위에 떠 있는 것 같아 아찔하다. 원형 광장 포토존은 관광객들이 줄 설 정도로 인기 있는 곳이다. 소양강 붕어 조형물을 배경 삼아 인증 사진을 남기고 서둘러 나왔다.

스카이워크엔 무장애 테이블과 장애인 화장실, 수직형 리프트도 마련돼 있어 예산은 이렇게 써야 효과적이라는 생각이 든다. 스카이워크 옆에는 국민가요가 된 '소양강 처녀' 동상이 수호신처럼 지키고 있다. "해 저문 소양강에 황혼이 지면 외로운 갈대밭에 슬피 우는 두견새야" 노래가 자꾸 입가에 맴돈다. 공지천 끼고 강촌역까지 라이딩을 시작했다. 호수 길 따라 자전거도 휠체어도 기분 좋은 라이딩에 콧노래가 절로 나온다. "가을엔 편지를 하겠어요, 누구

나 그대가 되어, 받아주세요~" 가을맞이 꽃이 한창이고 파란 하늘엔 하얀 뭉게구름이 물결처럼 흘러간다. 춘천에선 가을인데도 봄처럼 설렌다. 호수는 거울처럼 푸른 하늘을 그대로 복사해 붙였고, 물새 몇 마리가 잔잔한 강물에 파장을 일으키며 먹이활동에 여념 없다. 바람은 선선하고 날씨는 쾌청해 하늘을 나는 것처럼 기분 좋다. 공지천 들꽃에게 눈 맞춤하고 열심히 집 짓는 거미에게도 경쾌한 인사를 건넨다.

가다 보니 어느새 에티오피아 참전 기념관이다. 경사로가 잘 마련돼 있어 안으로 들어가는 데 문제없다. 다만 여닫이 유리문이어서

휠체어 발판으로 밀고 들어간다. 휠체어 탄 사람에게 여닫이문은 고역일 때가 있다. 휠체어 발판으로도 밀기 어려울 때는 누군가 문 열고 들어가려 할 때 같이 들어가도 되냐고 양해를 구해서 들어간다. 나올 때도 마찬가지다. 기념관 안에는 한국전쟁 당시 참전한 에티오피아 군인들의 사진과 기념품이 전시돼 있다. 에티오피아 군인의 사진을 보면서 세월이 무상하다는 생각이 든다. 일제강점기에 이은 한국전쟁으로 전 국토가 파괴돼 지구촌에서 가장 가난한 나라였던 대한민국이 이젠 에티오피아를 돕는 선진국이 된 현실이 기쁘기도 하지만, 한편으론 정치적 불안과 경제난으로 고통 받는 에티오피아의 현실이 안타깝기도 하다. 기념관을 나와 바로 옆에 있는 카페로 갔다. 에티오피아 커피는 맛과 향이 좋기로 명성이 자자하다. 그러나 계단 몇 개를 내려가야 카페 안으로 들어갈 수 있어 에티오피아 커피 맛은 패스했다.

공지천 따라 다시 라이딩을 시작했다. 의암호 공원을 지나는데 한 무리의 장애인 여행객이 여기저기서 산책하거나 인터뷰하고 있다. 아마도 장애인 기관에서 단체여행을 온 것 같다. 여행하다 보면 아름다운 풍경이나 맛있는 음식을 만날 때가 있다. 그럴 때마다 장애

공지천에서 강촌역까지 라이딩 핫스폿

인 동료들과 함께 보고, 함께 먹으면 얼마나 좋을까, 생각한다. 장애인은 살면서 많은 것에서 제외되고 소외된다. 학령기 때는 장애를 이유로 현장학습이나 소풍, 수학여행 등 현장체험학습을 제한해 여행의 기술을 배우는 데 제외된다. 중도에 장애가 생겨도 마찬가지다. 장애 상태와 유형에 맞게 여행의 기술을 새로 배워야 하지만, 접근성 문제로 가로막히기도 한다. 게다가 제도가 뒷받침되지 못해 여행의 권리에서 늘 소외된다. 그렇다 보니 여행하고 싶은 마음은 굴뚝같지만, 고행이 두려워 망설인다. 누구에게나 자연스러운 여행이

라면 장애인에게도 자연스러워야 한다.

공원 지나고 공지천 따라 데크 길로 다시 휠 라이딩을 한다. 산책 나온 반려견이 반려인과 함께 천천히 산책하고 있다. 의암호 데크 길에는 '멈추지 않는 한 꿈은 계속된다'는 문인의 길이 있다. 의암호 문인의 길 따라 마음에 담고 싶은 좋은 글귀가 일정한 간격으로 쓰여 있다. "인간은 신이 아닌 이상 실패를 하게 된다"는 글이 마음에 들어온다. 맞는 말이다. 장애인을 보호의 대상으로만 인식하고, 위험하니까 해주는 대로만 받고 가만히 있으라고만 할 때가 많다. 장애인도 실패를 경험하며 성장해 나가야 한다. 실패를 통해 실수가 줄어든다.

의암호 따라 라이딩하다 보면 KT 상상마당이 나온다. 상상마당은 공연이 상시적으로 개최되고, 카페와 장애인 화장실 등 편의시설이 갖춰진 곳이다. 상상마당에서 볼일도 보고 카페에서 잠시 쉬어가기로 했다. 몸속에 가득 찬 근심을 비워내니 날아갈 것 같다. 새털처럼 가벼워진 몸으로 카페에서 따스하고 달콤한 음료로 당을 충전한다. 가을볕이 따사롭게 내리는 상상마당 잔디밭에 노란 우산이 조화롭다. 파란 공지천은 상상마당과 합이 잘 맞는 한 팀 같다. 이제 쉬었으니 다시 라이딩을 시작해 볼까.

자리 털고 일어나 다시 라이딩을 시작했다. 가다 보니 공지천 가운데 섬이 있다. 의암호 나들길은 서면 금산리에서 송암동에 이르는 구간이다. 이 구간은 호수 위에 비친 하늘이 하도 예뻐서 하늘길을 달리는 기분이 든다. '중도' 배 터를 호위하는 바위 절벽과 마주한 절벽은 '봉황대'이다. 봉황대에 오르면 의암호와 중도가 시원하게 펼쳐진다.

봉황대를 지나면 춘천의 명소인 삼악산 호수 케이블카 승강장이다. 춘천에 왔으니 케이블카를 타봐야지. 승강장에도 장애인 화장실과 주차장 등 편의시설이 잘 마련돼 있다. 그런데 전동휠체어 탄 사람은 승강장에 비치된 수동휠체어로 갈아타야만 케이블카를 탈 수

공지천에서 강촌역까지 라이딩 핫스폿

있단다. 휠체어는 장애 상태에 맞게 세팅돼 있어 낯선 휠체어로 바꿔 타면 몸의 균형이 깨져 큰 부상으로 이어진다. 곤돌라식 캐빈도 휠체어를 갈아타지 않고 탈 수 있게 기술적 문제에 신경 써야 한다. 해외에서는 곤돌라식 캐빈이라고 해도 휠체어를 바꿔 타는 일은 없다. 국내에서도 전동휠체어 탄 관람객도 캐빈을 선택해서 이용할 수 있는 곳이 여러 곳 있다. 춘천에선 지자체와 케이블카 업체가 안전을 이유로 수동휠체어로 바꿔 타야만 케이블카를 탈 수 있다고 강요한다. 안전은 중요하다. 케이블카의 안전도 중요하고 휠체어 탄 장애인의 신체적 안전도 중요하다. 그렇기에 외국처럼 본인 휠체어로 케이블카에 탑승할 수 있는 대안을 마련해야 한다. 대안도 없이

제약만 한다면 전동휠체어 사용인은 평생토록 케이블카를 타지 못한다.

다시 라이딩을 시작했다. 조금 더 가다 보니 춘천이 자랑하는 국내 최초 킹카누 승선장이다. 킹카누는 열린관광지로 선정되면서 제작된 물놀이 시설이다. 일반 카누와 크기 면에서 비교 불가할 정도로 크다. 수동휠체어 탄 승객 3명까지 탈 수 있지만 역시나 전동휠체어에서 수동휠체어로 갈아타야 해서, 패스.

신나게 달리다 보니 멀리 인어 조각상이 강물 위 바위에 앉아 있다. 인어공주를 카메라 속에 담은 뒤 조금 더 가니 의암호 스카이워크가 나온다. 개방시간이 맞지 않아 다음으로 기약하고 강촌역 방향으로 달려본다. 달리고 달려 다다른 김유정 문인비가 라이딩 길손을 마중한다. 춘천은 문인이 많은 고장이다. 다시 강촌 방향으로 달린다. 북한강을 품고 달리는 동안 햇살의 온도가 조금씩 떨어진다. 스치는 풍경은 가을빛이 반사돼 영롱하고 해님도 퇴근을 서두른다.

〈나의 문화유산 답사기〉 저자 유홍준 교수는 책을 쓰기 위해 한 장소를 여러 번 반복해서 방문한다고 한다. 나도 다르지 않다. 처음엔 관광자원과 접근성 모니터링을 위해 데이터를 취합하고 동선을 체크한다. 두 번째 방문과 N번째 방문 때는 그동안 변화가 있나 다시 체크하고 동선을 재정비한다. 여행지 모니터링 결과물을 토대로 지자체에 민원 제기하고, 언론과 SNS를 통해 공론화해 여론을 형성하고 제도 개선까지 많은 일을 해야만, 무장애 여행지로 아주 느리게나마 변화가 보인다. 그럼에도 여기저기 구멍이 보인다. 장벽 없이 물 흐르듯 소통의 흐름이 자연스러워지는 그 날까지 무장애 여행 활동은 지속되어야 한다. 장애인의 자립 여행이 고립 여행이 되지 않기 위해서다. 강촌역까지 휠 라이딩하며 여러 생각이 머릿속에 가득하다.

18

원주

그곳에 가고 싶다, '뮤지엄 산'

여행 정보

- 원주역
- 강원 교통약자 콜센터 1577-2014
- 뮤지엄 산 카페 테라스
- 뮤지엄 산 곳곳

화려한 봄꽃 찾아 전국을 떠도는 상춘객이 한숨 돌리는 시간인가 보다. 그러나 아직 봄은 끝나지 않았다. 계절의 여왕 오월, 봄꽃의 절정기이기 때문이다. 오월은 청춘을 노래하고 실록을 예찬한다. 초록은 빛나고 꽃의 색깔은 더 짙어진다. 여름 맞을 준비를 하며 봄의 끝자락을 배웅한다. 자연은 알아차리지 못하게 미세하게 변하는데 인간은 숫자와 절기로 계절의 경계를 긋는다. 때로는 자연에 순응하고 때로는 자연을 거스르며 복닥거리며 사는 인간사. '이래도 한세상 저래도 한세상'이라는 긍정의 힘을 믿으며 생각을 가다듬어 본다. 선택할 수 없는 숙명은 받아들이고, 운명은 만들어간다. 관계에 지쳐 몸과 마음이 빈털터리가 될 때면 외로운 그림자를 이끌고 '뮤지엄 산'으로 간다.

산속에 감춰진 뮤지엄 산은 노출 콘크리트 건축의 대가 안도 다다

오의 설계로 만들어진 전시예술 공간이다. 그가 만든 국내 건축물 중 원주에 있는 뮤지엄 산은 편의시설이 으뜸이다. 뮤지엄 산은 원주역에서 내려 원주 장애인콜택시(강원교통약자광역이동지원센터)를 타고 구불구불 고갯길 따라 25분 정도 이동하면 만날 수 있다. 주차장과 마주한 웰컴센터에서 입장권을 사고 들어가서 아트숍 & 카페를 통과해야 한다.

안도의 작품들은 메인 공간에 진입까지의 콘셉트를 중요하게 생각한다. 카페를 나오면 파란 사과가 눈에 확 띈다. 파란 사과를 보는 순간 애플 로고가 떠올랐다. 한입 베어 먹은 '애플' 사과는 다양한 색상으로 성소수자의 인권도 연상하게 해 공감과 연대의 로고로도 한몫했다. 지금은 빨강이면 빨강, 파랑이면 파랑 등 다양한 색상을 혼합하지 않고 하나씩 사용한다. 파란 사과는 풋풋한 청춘의 시작을 의미하기도 한

다. 청사과는 청춘처럼 푸르고, 무르익지 않은 도전정신으로 가득 찬 인간 사회를 꿈꾸는 그의 소망을 담고 있다.

풋사과를 뒤로하고 뮤지엄 본관 쪽으로 발길을 이어갔다. 본관으로 가기 위해선 평탄한 가운데 길 따라 양옆으로 플라워가든을 끼고 지나야 한다. 오른쪽 잔디밭에 주황색 설치 미술이 방문객을 맞이한다. 〈제라드 먼리 홉킨스를 위하여〉라는 작품으로 마크 디 수베로 작가가 만들었다. 언뜻 보면 사람이 양손을 들고 있는 것 같은데, 크레인을 잘라 사용한 예술 작품이다. 풍향계처럼 움직이기도 하는 작품을 보며 예술의 경계는 어딘지 궁금해진다. "내가 그의 이름을 불러줬을 때/그는 나에게로 와서/꽃이 되었다"는 김춘수의 시처럼 사물에 어떤 이름으로 의미를 담느냐에 따라 예술과 비예술이 갈린다.

조각작품을 뒤로하고 자작나무 길 초입으로 들어서면 하얀 눈을 뒤집어쓴 야광나무가 있다. 사방은 온통 초록색인데 새하얀 꽃이 밤에도 빛을 낸다 해서 '야광'이란 이름이 붙여졌다. 푸른 언덕 위에 하얀 야광나무는, 보는 것만으로도 신기하다. 지나가는 사람들은 야광나무를 이리저리 한참 쳐다보며 사진 찍고 간다.

자작나무 숲길을 지나면 워터파크가든이다. 안도 다다오의 건축은 물을 이용하는 것이 특징이다. 잔잔한 수면 위에 겹벚꽃잎이 떨어져 사극의 한 장면을 연상시킨다. 푸르게 쭉 뻗은 나무들은 하늘

로 솟고 물속에서는 거꾸로 서 있다. '지금 이 시간 오늘'이 아니었다면 올해 겹벚꽃을 볼 수 없을 것 같아 한동안 겹벚꽃에 흠뻑 빠져 있었다.

겹벚꽃을 뒤로하고 아치형 입구로 들어선다. 아치형 입구는 뮤지엄 산의 상징물이다. 알렉산더 리만의 작품이다. 열두 조각의 붉은색 파이프를 육중한 아치 모양으로 구성했다. 어느 방향에서 보느냐에 따라 다양한 균형과 변화를 보여주는 작품이다. 내가 보기에는 꽃게의 집게다리가 얼기설기 엮인 것 같다.

아치형 다리를 지나면 본관이다. 이제부터 본격적으로 건물 안에 있는 작품을 감상할 시간. 본관에 들어서면 독특한 구조에 또 한 번 놀란다. 전시 작품도 훌륭하지만, 건축물 자체가 예술이어서 건축기행 같은 느낌이 든다. 통로는 직선이고 천장으로 햇볕을 가늘게 들여 어둠에서 빛을 발견하는 것같이 느껴진다.

2층 전시관으로 올라갔다. 전시관에는 스위스의 현대 미술가 우고 론디노네의 〈번 투 샤인〉을 전시 중이다. 작가는 전시를 통해 "나는 마치 일기를 쓰듯이 살아 있는 우주를 기록한다. 지금 내가 느끼는 이 계절, 하루, 시간, 풀잎 소리, 파도 소리, 일몰, 하루의 끝, 그리고 고요함까지"라고 전시 소감을 피력했다. 〈번 투 샤인〉은 색을 입힌 얇은 셀로판지를 유리창에 덧대서 햇빛이 움직이는 시간대마

다 다른 색을 연출한다. 전시관 천장에 매단 둥근 모양의 셀로판지를 사이에 두고 여기와 저기의 색이 어떻게 보이는지 관람객에게 묻

는 것 같다. 게다가 커다란 창으로 들어오는 초록, 파랑, 분홍색 빛의 반사는 따스하고 아늑한 느낌이어서 봄날 커다란 통유리 창에 앉아 봄볕을 마음껏 흡수하는 느낌이다.

바로 옆 전시실에는 여러 개의 말들이 우두커니 서 있다. 조랑말 같기도 하고 망아지 같기도 한 키 작은 말이다. 이 전시에서는 특별하게 느낌이 오지 않아 바로 옆 전시실로 발길을 옮겨갔다. 이번 전시는 출구 없는 커다란 사각형이 바닥에서 1미터 정도 떨어진 공간의 전시다. 작품명은 〈천 개의 태양〉이다. 작품을 보려면 허리를 숙여 안으로 들어가야 볼 수 있다. 휠체어 탄 나는 바닥으로 들어갈 수 없어 통로를 찾고 있는데 큐레이터가 쪽문을 열어주었다. 쪽문은 휠체어 탄 관람객만 출입할 수 있다.

우고 론디노네는 전시 지역 아이들과 함께 작품을 만들어 전시하는 작가로 알려져 있다. 이번 전시도 그렇다. 원주지역 초등학생 1천 명이 도화지에 태양을 그려 사각 안 벽면을 모자이크처럼 가득 채워 전시하고 있다. 우고 론디노네 작가는 사각을 만들고 네모 안은 아이들이 그린 태양으로 채워서 완성한 작품이다. 사각 안으로 들어오기 전에는 작품을 볼 수 없는 구조여서 사각 자체가 전시 작품이다. 관람객은 사각으로 들어가기 위해 문을 찾지만 결국 허리를 숙여 작품 안으로 들어온다. 아이들의 작품은 천차만별이다. 붉은 태양, 노란 태양, 둥근 태양, 찌그러진 태양까지 빛나고 있다. 누구에게나 자신만의 태양은 있다. 태양은 희망을 상징한다. '어둠은 빛을 이길 수 없다.' 내가 추구하는 태양은 무엇일까 생각해 본다. 태양은 그 자리에서 빛나지만 때론 구름이 가리고, 지구의 자전으로 밤이 오는 것처럼 마음이 태양을 지게도 하고 빛나게도 한다. 결국 자신만의 태양은 자신 안에서 만들어진다.

실내에서 나와 야외전시장으로 나갔다. 야외전시장은 스톤가든으로 꾸며져 있다. 스톤가든은 경주 신라 고분의 '아름다운 선'을 모티브로 만든 돌 작품이다. 작품의 재료로 사용한 돌은 원주시 귀래면 석산에서 채석해 왕릉처럼 아홉 개의 커다란 봉분을 만들었다. 돌무덤마다 철로 만든 조각품을 앞에 놓아 돋보이게 했다.

스톤가든 한쪽에는 〈수녀와 수도승〉이 정원의 자연석과 어우러

져 서 있다. 여섯 점의 수녀와 수도승이 거대한 돌기둥처럼 서 있다. 주황색 몸통에 노란 두상은 태국의 수도승과 닮았다. 다양한 원색의 조화가 강렬해서 마음에 확 꽂혀 깊이 생각하게 하는 작품이다. 관람을 마치고 나서도 가시지 않는 여운이 이어진다.

관람을 마치고 '산멍'하러 카페 테라스로 갔다. 카페 테라스 앞에 펼쳐진 풍경은 말과 글로 다 담을 수 없는 풍경이다. 앉아 있으면 풍경에 반해 시간 가는 줄 모른다. 근사한 풍경과 마주할 땐 저절로 휴대폰을 꺼내 풍경을 자꾸 저장하게 된다.

뮤지엄 산은 산 위에 자리한 박물관이다. 산처럼 관람객을 품어주는 뮤지엄 산은 훨체어 여행객과도 합이 잘 맞는 여행지다. 하루 종일 있어도 좋을 '뮤지엄 산', 그곳에는 자연과 문화와 여행이 공존한다. 그래서 자꾸 가고 싶고 오래 있고 싶다.

19 예산 시장

맛과 '갬성'이 살아 있는 핫플 여행지

여행 정보

- 예산역에서 충남광역이동지원차량 이용
- 충남광역이동지원센터 1644-5588
- 예산전통시장 내 다수
- 주차장 광장 다수

지방의 원도심뿐 아니라 전통시장도 관광자원으로 거듭나고 있다. 예산 전통시장이 그런 곳 중 한 곳이다. 충남 예산 출신의 방송인 백종원이 예산군과 손잡고 전통시장을 새롭게 변신시킨 것이다. 예산시장은 1981년 설립된 전통 상설시장이다. 1926년부터 시작된 오일장과 함께 번영을 누렸으나 예산군의 인구가 줄어들면서 침체를 면치 못하고 있었다. 이때 구세주처럼 등장한 이가 방송인이자 외식산업 경영인인 백종원이다.

2018년 백종원이 고향의 부흥을 위해 자신의 회사 더본코리아와 예산군 사이에 상호 협약을 체결하고, 예산시장을 중심축으로 하는 '예산형 구도심 지역상생 프로젝트'를 진행한 것. 그는 예산시장 살리기 프로젝트 전 과정을 유튜브 채널 '백종원 시장 되다'를 통해 공개했다. 예산시장 살리기 프로젝트는 예산시장을 리모델링해 레트

로 감성은 살리고, 불량했던 위생은 개선했다. 편의성은 높였고, 음식의 다양화와 트렌디한 맛으로 다양한 세대의 입맛을 사로잡았다. 요즘 말로 '갬성' 돋는 시장이 된 것이다. 첨단 기술과 인력 서비스로 시장을 찾는 사람들이 소외되는 것을 막은 것도 눈길을 끈다.

백종원의 프로젝트가 처음 대중에게 공개된 것은 2023년 2월이었다. 유튜브를 통해서는 그보다 앞서 공개됐지만, 실제 예산시장에 적용되어 일반인에게 선보인 시점은 2월이었다. 그리고 한 달 동안 고객들을 대상으로 영업하면서 드러난 문제점을 보완해 4월 1일 재개장, 본격적으로 손님을 맞기 시작했다. 재개장 하루 전날은 국내 유명 먹방 유튜브와 세프, 여행 채널 운영자 등을 초청해 음식 맛과 시설 평가를 진행하기도 했다.

내가 예산 전통시장을 찾은 날은 평일임에도 사람들로 붐볐다. 그럴 만도 하다. 요즘 대세 여행지가 예산 전통시장이니까. 평일에도 발 디딜 틈 없을 정도로 사람 천지였다. 상인들과 주민들은 입꼬리가 올라간다. 도심의 큰 시장 못지않게 대박이 난 것이다.

전통시장 특유의 레트로 감성은 그대로 살아 있고, 젊은이들 입맛을 사로잡는 다양한 메뉴들, 요즘 소비자의 욕구에 딱 맞았다. 더불어 상점의 품목도 다양해졌다. 전통시장을 관광 자원화하여 여행자의 취향을 저격했다. 가령 시장 벽면과 지붕 등 세월의 흔적은 그대로 남긴 채 감성을 덧입혔다. 시장 안 장터 광장에는 드럼통 테이블을 가득 들여놓았다. 시장 안 상점에서 산 음식이나 재료를 가져와 즉석에서 조리해 먹을 수 있게 준비해 놓은 거다. 기존 시장은 조리가 완료된 음식을 사서 특정 장소에서 먹어야 했지만, 예산시장은 조리하지 않은 음식을 사 와서 본인들이 직접 불판 위에서 조리할 수 있게 해놓았다.

음식 종류도 다양하고 식당도 많다. 떡집, 양조장, 통닭바베큐, 통갈치구이집, 만둣집, 우동집, 건어물구이집, 정육점까지, 없는 것 빼곤 다 있다. 식당 안에 테이블이 있는 곳도 있지만 대부분은 작은 가게여서 음식만 만들어 판매하고, 손님은 음식을 사서 장터광장에서 먹는다.

불판 빌려주는 집에서 불판과 쌈채소, 구이용 야채, 술, 음료수, 공깃밥까지 사 와서 레트로 감성 돋는 드럼통 위에 세팅하고, 조양정육점과 신광정육점에서 입맛에 맞는 신선한 고기를 사서 가져와 굽는다. 고기에 술이 빠질 수 없다. 백술상회에서 예산 전통주를 사 와서 고기와 함께 먹는 사람들이 많다. 공깃밥과 소주, 맥주 등은 진영상회에서도 판매한다. 이것만으론 부족한 사람은 시장을 돌며 마음

에 드는 음식을 쇼핑해 테이블로 가져와 뷔페처럼 차려놓고 먹는다. 한국 사람이 음식에 진심인 것이 느껴진다.

신선한 식재료를 바로 사서 현장에서 먹을 수 있는 매력적인 곳, 예산시장. 값도 저렴하고 맛도 있으니 시장에 온 재미가 쏠쏠하다. 이 맛에 예산시장이 문전성시를 이루는 것 같다.

휠체어를 탄 나는 꽈리고추 닭볶음탕을 주문했다. 이곳 테이블은

낮지 않아 이용하기 편리했다. 꽈리고추 넣은 닭볶음탕은 처음 먹어 본다. 맛이 꽤 근사하다. 안동찜닭과 닭볶음탕의 중간 맛 정도다. 닭볶음탕만으로 조금 부족한 듯해서 바로 옆 가게 선봉국수집에서 파기름 비빔국수와 진한 멸치국수를 시켰더니 옆집까지 가져다주는 친절한 서비스까지! 꽈리고추 닭볶음탕과 국수의 조합은 국룰로 정해도 손색없는 맛이다. 아니 마음속으로는 이미 '국룰'이 되었다.

식사를 마치고 나면 후식이 기다리고 있다. 후식으로는 커피와 음료, 달달한 약과와 예산 사과빵도 있다. 시장표 디저트가 빠지면 섭섭하다. 예산시장에는 전국적으로 인기 있는 디저트 가게도 많다.

마음을 홀딱 훔쳐 가는 커피와 함께 예산 사과빵도 주문했다. 기분 좋아지는 달달한 디저트에 마음도 여유로워지고 행복이 밀려온다. 행복이 별건가? 배부르고 만족스러운 지금 이 시간이 가장 행복한 시간이다.

물론 예산시장에 음식점만 있는 건 아니다. 옷 가게, 신발 가게, 철물점, 그릇 가게, 뜨개실 가게, 건강원, 한복점까지, 여느 시장에 있을 건 또 다 있다. 곳곳을 둘러보다 보니 좌판에 널브러진 히프 색(Hip sack)이 제발 좀 데려가 달라고 손짓한다. 질 좋고 가격 착한 시장표 물건을 그냥 지나칠 수 없어 3천 원에 얼른 데려왔다. 마침 휠체어 팔걸이 옆에 달 가방이 필요했는데 아주 요긴하다.

5일과 10일, 오일장이 서는 날이면 예산 전통시장 주변에선 잔치가 벌어진다. 난전에 예산의 농산물을 가지고 나온 농부들이 많다. 가격도 엄청 저렴하고 덤도 많이 준다. 육쪽마늘이 실해 보여 가격을 물어봤다. "마늘이 좋아 보이는데 얼마예요?", "이거 만오천 원." 대뜸 반말이 날아온다. 이럴 땐 반말로 되돌려주는 센스, 나이와 상관없이 존댓말을 하는 건 상대를 존중하는 기본적인 예의다. 존중받고 싶은 마음은 본능이기 때문이다.

전통 오일장이 관광 콘텐츠로 자리 잡은 곳은 많다. 예산 오일장도 그런 곳 중 한 곳이다. 예산 전통시장은 상설시장이기도 하지만 오일장에 맞춰 가면 오감 만족에 장터 구경을 제대로 할 수 있다. 먹거리, 살거리, 눈요기까지 가득해서 자꾸만 전통시장을 찾게 된다.

20

익산

소법정 → 고백의 벽 → 광장 → 유치장 → 취조실 → 독방 체험장

슬기로운 감방생활,
익산 교도소 세트장

여행정보

- 익산역
- 전라북도 광역이동지원센터 즉시콜 이용 063-227-0002
- 교도소 세트장에는 식당이 없다. 익산역에서 식사 해결하고 이동
- 익산역/ 교도소 세트장

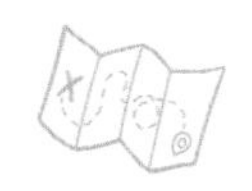

영화나 드라마에서 교도소가 등장할 때마다 그 안이 궁금했다. 그런 사람들이 즐겁게 다녀올 수 있는 곳이 익산교도소 세트장이다. 이곳은 수많은 영화와 드라마 촬영지로 알려지면서 여행객의 발길이 끊이지 않는다. 열린관광지로도 조성되어 휠체어 탄 장애인 등 관광 취약계층도 영화나 드라마 속 장면을 현장에서 직관할 수 있다.

익산 세트장 앞 철옹성 같은 거대한 철문에 기가 눌린다. '공은 쌓은 데로 가고 죄는 지은 데로 간다'는 속담처럼 살면서 절대 가면 안 되는 곳이 교도소인 것 같다. 물론 자신의 의지와 상관없이 억울하게 옥살이를 할 때도 있다.

교도소를 테마로 한 관광명소가 생긴다는 것이 참 신기하다. 교도소 하면 가고 싶지 않고 멀리하고 기피하는 곳이지만, 교도소를 관광자원화한 익산 세트장은 자꾸 가고 싶은 곳이다. 교도소가 등장하는 영화나 드라마는 엄청 많아서 나열하기조차 버거울 정도다. 익산교도소 세트장에서만 영화 〈홀리데이〉를 시작으로 인기리에 방영된 드라마 〈아이리스〉, 〈전설의 마녀〉와 장애인이 주인공인 영화 〈7번방의 선물〉, 〈내부자들〉, 〈슬기로운 감방생활〉에 이르기까지 200여 편의 영화나 드라마가 촬영되었다.

첫 번째 둘러볼 곳은 소법정이다. 소법정은 주차장 앞 건물로, 교도소를 리얼하게 체험할 수 있게 죄수복과 교도관 옷까지 대여한다. 탈의장에도 턱이 전혀 없어 휠체어 이용인이 접근할 수 있다. 소법

정에 들어서면 위엄 있는 재판장이 눈에 들어온다. 재판관석에는 작은 계단이 있어 휠체어 이용인은 올라갈 수 없지만, 방청석이나 증인석, 변호인석, 검사석과 피고인석은 접근할 수 있어 법정 체험을 제대로 할 수 있다. 소법정 체험을 마치고 망루 전망대로 이동한다. 망루 전망대로 가는 길은 완만한 경사로여서 안전하다. 그러나 망루 전망대는 계단이 많아 휠체어 이용인은 접근할 수 없다. 망루 전망대 '고백의 벽'에서 나의 죄를 고백해 본다.

고백의 벽에는 수갑들이 벽면을 가득 채우고 있다. "우리 고백할까 익산에서"라는 뜻밖의 멘트에 웃음이 터져 나온다. 연인들은 붙

잡은 사랑이 도망가지 못하게 사랑의 수갑으로 서로를 채운다. 고백의 벽을 지나면 교도소 세트장 광장이다. 망루 아래에는 얼룩무늬

죄수복을 입은 죄수 모형이 앉아 햇볕을 쬐고 있다. 그 앞엔 죄수 수송 차량이 있어 영화 〈빠삐용〉을 보는 것 같다. 광장엔 긴급호송 버스도 있다. 긴급호송 버스에 죄수복으로 갈아입은 여행객들이 앞다퉈 오르내린다. 그 앞에는 '사랑의 죄수' 등신대가 있어서 기념촬용을 하며 '사랑한 자 유죄'를 확인한다.

죄수가 수감되는 유치장으로 발길을 옮겨갔다. 유치장 가는 통로는 경사길이 잘 정비 돼 있다. 유치장 안에도 다양한 볼거리와 체험거리가 가득하다. 유치장으로 들어가는 문은 세 곳이다. 두 곳은 기존 문을 그대로 보존하고, 나머지 한 곳은 턱을 없애 휠체어 탄 여행객도 유치장으로 들어가 죄수 체험이 가능하다. 자유를 박탈당하는 것만큼 더 큰 형벌이 또 있을까? 그러나 여행객 중에는 죄수복이나 교도관 옷을 입고 사랑의 죄수를 자청하거나 교도관으로 변해서 유

치장 안으로 들어간다. 잠시 자유를 박탈당해도 즐거운 곳이다. 유치장 안엔 한 평 남짓 작은 화장실이 있다. 유치장 체험이 끝나고, 재판받은 후 형을 사는 감방 세트장으로 옮겨갔다.

감방 세트장은 2층 건물로 〈7번방의 선물〉 촬영 세트장이라고 한다. 하지만 계단뿐이어서 휠체어 탄 여행객은 2층으로 올라갈 수 없다. 그럼에도 1층은 누구나 접근할 수 있어서 다양한 볼거리와 체험이 가능하다. 1층에는 취조실, 다인실, 법무부 교정본부, 홍보관, 독방, 검색대, 면회실이 있다. 먼저 취조실부터 둘러봤다. 취조실은 작은 방에 탁자 하나, 의자 두 개로 연인이 이곳으로 들어가면 '사랑의 취조'가 시작된다. 휠체어 이용인도 접근 가능해 드라마에서 보는 취조실 분위기를 느낄 수 있는 공간이다.

다음으론 독방 체험장이다. 좌식 마루라 휠체어 탄 여행객은 접근이 불가능해 독방 구성만 확인할 수 있다. '한번 쓰레기는 영원한 쓰레기지만 재활용 쓰레기가 되자'라는 재미있는 문구가 붙어 있다. '죄는 미워도 사람은 미워하지 말라'는 속담처럼 교도소가 죄수들을 인격적으로 대하면 자신의 죄를 참회하고 재범률도 낮아진다고 한다. 반면 교도소에서 더 많은 범죄를 배워서 나온다는 웃픈 소리도 있다.

교도소는 죄지은 사람만 들어가는 곳은 아닌 것 같다. 누명 쓰고

억울하게 교도소에 들어간 사람도 간혹 있다. 영화 〈7번방의 선물〉에서 지적장애인 용구도 그렇고, 화성 연쇄살인 사건을 바탕으론 한 〈살인의 추억〉에서도 지체장애인에게 죄를 뒤집어씌워 감옥에 가

슬기로운 감방생활, 익산 교도소 세트장

두는 장면이 나온다. 이뿐만 아니다. 약촌오거리 사건, 삼례슈퍼 사건 등 실화를 기반으로 한 영화 〈재심〉, 〈소년들〉에서도 10대 지체 장애인들이 범인으로 몰려서 억울한 옥살이를 하게 했다가 뒤늦게 누명을 벗었다. 지금도 누명을 벗지 못하고 감옥에 갇혀 억울한 옥살이를 하는 사람이 있을 것이다. '열 명의 범인을 놓치더라도, 한 명의 억울한 사람을 만들지 말아야 한다'는 법 정신은 누구나 공감할 수 있는 말이다. 그럼에도 '범인은 없고, 피해자만 있는 판결'이 속출할 때, 이것이 법의 정의인지 묻고 싶을 때가 있다.

바로 옆에는 법무부 교정본부 홍보관이다. 수용자가 안정적인 새 출발을 할 수 있게 다양한 방법으로 사회복귀를 지원하는 프로그램을 전시하고 있다. 인성교육, 학과교육, 심리적 안정을 위한 종교 생활, 체험형 문화예술 프로그램들이 있다. 장애인 수용자를 위한 프로그램도 전시하고 있어 놀라웠다.

급속도로 변화하는 우리 사회가 속도가 다른 사람을 기다려주고 함께한다면 소외되는 사람도 줄어들고 범죄도 발생하지 않는 사회가 될 것 같다. 찬바람도, 지나가는 사람도 잠시 숨을 고르며 언 몸과 생각을 녹일 수 있을 것이다. 사랑의 다른 이름은 기다림이다.

21

익산

주얼팰리스 → 보석박물관 → 공룡테마공원 → 무장애 놀이터

백제의 꿈,
익산 왕궁보석테마관광지

여행 정보

- 익산역
- 전라북도광역이동지원센터 즉시콜 이용 063-227-0002
- 왕궁보석테마관광지 내 카페 이용. 케이크, 음료 등 다양
- 왕궁보석테마관광지 내 다수

황제나 부자의 창고에는 동서고금을 막론하고 금은보화가 가득할 거라고 여겨졌다. 금은보화는 부와 권력의 상징이기 때문이다. 근대사회로 접어들면서 금은보화도 저렴해져 누구나 가질 수 있고, 일반인의 삶과 함께했다. 사랑의 맹세를 상징하는 물건으로, 결혼 예물로, 백일이나 돌 반지로, 환갑 · 진갑 · 고희 등 노인의 장수를 기원하는 선물로. 사람의 신체를 보조하는 금니로 쓰이기도 하고, 금가루를 음식에 뿌려 먹기도 하고, 미용을 위해 피부에 바르기도 하고, 장신구와 산업용으로도 쓰인다. 전북 익산에선 다양하게 쓰이는 금은보화를 관광자원화해 '왕궁보석테마관광지'를 개관했다.

왕궁보석테마관광지는 백제문화가 꽃피웠던 익산시의 대표 관광지가 되었다. 주얼팰리스를 비롯한 보석박물관, 화석전시관, 공룡테마공원, 가족공원, 보석정, 함벽정까지 무장애 여행하기에도 좋다.

우리나라 최고의 귀금속과 보석을 전시하고 판매하는 곳이어서 심심할 틈 없는 주얼팰리스부터 둘러봤다.

주얼팰리스는 2010년 개관해서 국내외 약 60여 개의 주얼리 우수 판매업체가 입주해 있다. 세련된 액세서리부터 고급 주얼리까지 숙련된 장인이 빚어낸 보석 제품을 실컷 구경하고 구매할 수도 있는 곳이어서 한번 들어가면 나오고 싶지 않은 곳이다. 화려한 보석으로 가득해 눈을 뗄 수가 없고 발길이 떨어지질 않는다. 게다가 가격도 싸고 질도 좋아서 여행도 하고 착한 가격에 주얼리도 구매할 수 있는 일석이조의 테마파크다.

보석박물관은 지하 1층, 지상 2층 규모다. 익산은 예로부터 보석으로 유명한 지방이라 익산의 지역적 특색을 살려 설립됐다. 백제 문화 유적과 보석의 아름다움을 관광자원으로 활용한 대규모 왕궁보석테마관광지 내 11만여 점 이상 진귀한 보석과 원석을 소장한 세계적인 수준의 박물관이다. 보석과 관련된 전시는 기획전시실과 상설전시실로 나뉘어 진귀한 보석과 원석을 순차적으로 둘러볼 수 있는데, 원석을 가공해 보석으로 탄생하는 기술까지 단박에 알 수 있다.

박물관 안에는 목탑 조형물도 전시돼 있다. 우리나라에 불교가 처음 유입되면서 전해진 탑의 형식은 목탑과 벽돌로 만든 전탑이다. 석탑은 우리나라에서 발생한 것이라고 한다. 특히 익산 미륵사지에는 동쪽과 서쪽에 석탑이 있고 중앙에 목탑이 있어서, 목탑으로부터 유래된 석탑의 발생지로 파악된다고 한다.

왕궁보석테마관광지에선 보석과 관련된 체험 프로그램이 압권이다. 보석박물관 2층 아트갤러리에서 진행되는 체험 프로그램은 외국인 관광객도 많아 한참을 기다려야 한다. 칠보공예 기법을 응용한

보석
문화상품
공모전
역대수상
작품展

은 제품 액세서리 만들기와 칠보공예, 보석을 물린 휴대폰 줄, 목걸이, 은반지 등을 만들 수 있다. 세상에 딱 하나뿐인 나만의 보석 액세서리를 직접 만들 수 있어 뿌듯하다. 체험 비용은 무료이고, 만 원 미만의 재료비만 부담하면 된다.

보석광장 야외무대는 야간경관과 이벤트 행사로 관광객들에게 다양한 볼거리를 제공해 익산에 오길 잘했다는 생각이 저절로 든다. 왕궁보석테마관광지에는 익산의 지질시대 역사를 한눈에 볼 수 있는 '화석전시관'도 있다. 시대별로 각종 화석부터 익룡, 수장룡 등 실물 크기의 공룡 골격 등을 전시해 상상의 세계를 펼칠 수 있도록 구성되어 있다.

이어서 '공룡테마공원'으로 발길을 옮긴다. 공룡테마공원은 아이들이 좋아하는 체험 코스가 마련돼 있다. 거대한 공룡의 입속 터널을 통과하는 체험은 줄이 길어 한참을 기다려야 했다. 터널을 통과하는 동안 커다란 이빨과 목젖까지 보여 어마무시한 공룡의 크기에 깜짝 놀란다. 아이들은 이곳을 지날 때마다 공룡시대를 직접 경험하는 것처럼 신기해하고 놀라워한다. 공룡 터널을 지나면 모래 놀이터이다. 맨발로 들어가서 모래의 질감도 느끼고 두꺼비집도 만들며 신나게 논다. "두껍아 두껍아 헌 집 줄게 새 집 다오." 어린 시절 모래나 고운 흙으로 두꺼비집을 만들며 놀던 추억이 소환된다. 모래 놀이터에서는 아이들이 씨름도 하면서 안전하게 놀 수 있다.

바로 옆에는 무장애 놀이터도 있어서 깜짝 놀랐다. 휠체어 탄 아이도 탈 수 있는 뺑뺑이가 있어 모든 어린이가 함께 놀 수 있다. 아이들이 다 함께 노는 것을 보니까 흐뭇했다. 무장애 놀이기구가 점점 더 많아져야 편견 없이 아이들이 자라게 된다. 바로 옆에는 놀랄만한 놀이기구가 또 있다. 장애 아동과 엄마가 함께 탈 수 있는 그네다. 엄마와 함께 타는 그네는 흔치 않아 함께 간 동료에게 그네를 체험해 보라고 했다. 무장애 놀이기구가 전국 놀이터 곳곳에 있으면 휠체어 탄 아이들도 놀이터에서 신나게 놀 수 있다.

장애 아동과 함께 놀아야 다양한 사회 구성원이 있다는 것을 서로 알게 된다. 익산 무장애 놀이시설이 딱 그런 곳이다. 야외 체험시설 중에는 나선형·드롭형 슬라이드와 스카이점프, 스카이타워(포토존)

도 있다. 내가 방문했을 땐 계단이 있어서 휠체어 탄 사람은 올라갈 수 없지만, 승강기 공사가 완공되면 누구나 소외됨 없이 놀이시설을 이용할 수 있다.

대만 동아시아 장애학회 때 대만의 놀이터 체험을 했다. '동네 여러 곳의 놀이터 중 한 곳은 무장애 놀이터가 꼭 있어야 한다'는 대만에선 아이들이 편견 없이 놀이시설을 이용하고 있었다. 학회에서는 장애 아동이 직접 발표도 했다. 아이들이 자신의 생각을 어른들 앞에서 서슴없이 이야기하고 발표하다가 갑자기 화장실이 급해 나가면 어른들은 느긋하게 기다려준다. 우리나라에서도 장애 아동이 놀이터든, 학교든, 놀이공원이든 어디든 접근 가능해야 한다.

백제의 꿈, 익산 왕궁보석테마관광지

이번엔 익사이팅 체험관인 '다이노키즈월드' 실내놀이 체험시설이다. 이곳은 클라이밍(암벽타기) 시설도 있어 아이들이 안전하게 암벽타기에 도전할 수 있다. 게다가 공중모험 놀이시설인 스카이트레일과 스카이틱스도 있다. 키가 122센티미터 이상인 초등학생부터 이용할 수 있다.

지루하고 거친 세상에서 벗어나 소풍 나온 사람처럼 가볍게 '쉼'을 주는 시간이 여행이다. 그리고 여행 준비 과정부터 행복한 고민이어야 하고, 이동하는 것, 보는 것, 먹는 것, 싸는 것, 체험하는 것 등 여러 가지 형태의 사슬이 끊임없이 물 흐르듯 이어져야 한다. 여행은 바로 지금, 여기서 행복해야 한다. 여행이 삶이고, 삶이 여행이다.

22

고창

눈처럼 동백꽃이 지는 곳, 선운사

여행 정보

- 전주역
- 전북교통약자광역이동지원센터 즉시콜 이용 063-227-0002
- 주차장 앞 다수
- 선운사 국립공원 곳곳
- 무장애 여행 문의_ 한국접근가능관광네트워크 http://knat.15440835.com
  휠체어배낭여행_ 한국접근가능관광네트워크 http://cafe.daum.net/travelwheelch

선운사에 가신 적이 있나요.
바람 불어 설운 날에 말이에요.
동백꽃을 보신 적이 있나요.
눈물처럼 동백꽃 지는 그곳 말이에요

송창식의 노래 〈선운사〉의 가사다. 선운사 가사처럼 전북 고창 선운사엔 아주 오래전에 간 적이 있다. 당시만 해도 무장애 여행자를 위한 편의시설이 미비해 관광약자에게는 불편한 여행지였다. 그러다 2016년 선운산 도립공원이 열린관광지로 선정되면서 선운사의 접근성이 한결 매끄러워졌다. 곳곳에 데크 길이 깔리고 무장애 산책로와 나눔길로 연결된 코스는 노인, 유아차 동반 가족, 휠체어를 이용하는 관광약자도 제약 없이 산책이 가능해졌다.

선운산 도립공원에 들어서면 계곡 건너편에 천연기념물 '고창 삼인리 송악'이 엄청난 규모로 절벽을 뒤덮고 있다. 송악은 두릅나무과에 속하는 식물이지만, 선운사 앞 송악은 크기가 엄청나 거대한 나무 같다. 남부지방이나 섬에서 자라는 덩굴식물이라는데 어쩌다 고창까지 와서 자리를 잡았을까. 사람들은 계곡 사이 징검다리 건너 송악으로 다가가 거대한 덩굴도 보고 사진도 찍지만, 휠체어를 탄 나는 징검다리를 건널 수 없었다. 이제 송악을 뒤로하고 생태숲으로 발길을 돌린다.

생태숲은 못 위에 데크를 놓아 누구든 편리하게 보행할 수 있다. 천천히 둘러보며 이팝나무 꽃 가득한 산책길로 나간다. 이 길을 따라 조금 걷다 보니 동백숲이 나타난다. 봄날의 새싹이 파릇파릇한 잔디에 붉은 동백꽃이 여기저기 툭툭 떨어져 뒹군다. 봄이 한창이지만 선운산의 꽃샘추위는 철없이 나댄다. 떨어지지 않으려는 동백꽃이 아슬아슬 줄타기하는 꽃샘추위 같다.

선운사는 꽃무릇으로도 유명하지만 봄이면 동백꽃이 참 아름답다. 도솔산 기슭에 폭 안겨 있는 선운사에선 봄도 늦되다. 동백꽃 필 시기를 지나 이젠 동백꽃 질 무렵으로 초록 새싹 위에 툭 떨어진 붉은 동백이 철딱서니 없는 봄을 야단치는 것 같다. 동백꽃을 뒤로하고 일주문으로 발길을 이어갔다.

일주문을 지나 호젓한 산책길을 걷다 보면 곧 도솔천을 따라 무장애 자연 탐방로와 무장애 나눔길이 나온다. 무장애 자연 탐방로는 데크 길로 만들어져서 누구나 걷기에 안전하고 편안한 길이다. 탐방로 곳곳은 일체형 테이블과 잠시 휴식할 수 있는 벤치도 마련돼 있어 자연 속에서 휴식 시간을 갖기에 좋은 코스다. 연둣빛 봄이 초록으로 짙어져 가고 있다. 한참을 봄 풍경과 마주하고 있자니 세상 참 좋아졌다는 생각이 문득 든다.

오래전 선운사에 온 적이 있었다. 그때만 해도 접근성이 형편없어 선운사의 아름다움이 눈에 들어오지 않았다. 울퉁불퉁한 길을 가며 힘들었던 기억만 남아 있다. 주변 풍경이 지루해질 때쯤 다시 무장애 탐방로를 걷다 보니 무장애 나눔길과 연결돼 있다. 무장애 나눔

길은 선운사 녹차밭이 펼쳐져 눈 호강하는 코스다. 녹차밭과 무장애 나눔길이 한껏 자유로움을 안겨줘 선운사 노래를 저절로 흥얼거린다.

잘생긴 데크 길로 따라 초록으로 변해가는 풍경에 발걸음은 한결 가벼워지고 녹차밭 길의 끝에 카페 '모크샤'가 있다. '모크샤'는 범어로 해탈, 치유를 의미한다. 실내에 들어가려면 계단이라 휠체어 이용자는 진입이 제한적이지만, 야외 테이블에 봄 햇살을 가득 펼쳐놓고 은은한 커피 향기에 마음도 차분해진다.

선운사를 지척에 둔 카페 모크샤는 복도 많은 곳이다. 특별한 음악을 틀어놓지 않아도 선운사에서 들려오는 산사 음악이 모크샤까지 울려 퍼지고, 병풍처럼 둘러친 도솔산 자락이 산수화처럼 버티고 있어 해탈의 길이 손에 잡힐 듯하다. 해탈이 별거인가. 가만히 눈 감고 마음 비우면 난잡한 생각도 흩어져 버린다. 비워진 마음에 바삭바삭한 햇살을 한가득 채워 넣고 선운사로 발길을 이어갔다.

선운사로 가려면 극락교를 건너야 한다. 극락교 건너는 모든 사람이 극락정토 행복의 세계에 이르기를 기원하는 다리다. 극락교를 건너면 왼쪽으로 녹차밭 무장애 산책길이 이어지고, 오른쪽은 선운사로 가는 오솔길이 나온다. 야자 매트를 깔았는데, 바닥 흙을 평평하게 다지지 않아 울퉁불퉁 휠체어 사용자는 걷기가 불편하다. 왼쪽 녹차밭 길은 평탄하게 무장애 나눔길과 연결되고 도솔천 따라 산책하기 좋다. 한참 길 따라 산책하다 다시 선운사 쪽으로 향했다.

선운사는 도솔산 북쪽 기슭에 자리한 사찰이다. 오랜 역사와 빼어난 자연경관, 소중한 불교 문화재를 지니고 있어 사시사철 참배와 관광의 발길이 끊이지 않는 열린관광지이기도 하다. 특히 벚꽃잎 날리는 봄에도 붉은 꽃송이를 피워내는 선운사 동백꽃의 곱고 우아한 자태를 보면 누구라도 시인이 될 것 같은 시상이 떠오르고 여행객의 찬사가 이어진다.

선운사 경내로 들어서면 대웅전부터 눈에 들어온다. 보물로 지정돼 있어 선운사에서 아끼고 가꾸는 전각이다. 대웅전과 사찰 마당 사이에 경사로가 설치돼 있어 관광약자도 안전하게 대웅전으로 이동할 수 있다. 하지만 대웅전 안으로는 턱이 있어 들어갈 수 없어서

안타깝기만 하다. 문화재로서 접근성을 얼마든지 더 높일 수 있지만, 인식의 부재로 접근성을 더 높이려는 의지가 보이지 않는다.

대웅전 앞마당에 서니 갑자기 비가 쏟아진다. 비를 피해 선운사 경내 전각의 처마 아래로 들어서려고 해도 접근할 수 없어 화장실 앞에서 비가 그치기를 기다렸다. 처마 끝으로 떨어지는 빗물은 선운사의 풍경을 아름답게 포장하지만, 화장실에서 비를 피하는 나는 괜스레 화가 난다. 경내 기념품 매장이나 전통찻집에라도 접근할 수 있으면 비 오는 풍경을 보면서 산사 풍경을 더욱 운치 있게 감상할 수 있으련만. 모든 이에게 개방된 장소에 아직은 모든 이가 접근할 수 없는 것에 아쉬움이 남는다.

〈선운사에서 〉

꽃비 내리는 날
선운사 해탈 문을 들어서니
비로소 자유가 거기 있다
무심히 지나쳤던 시간이
모퉁이를 돌아
모크샤 카페에서 멈춘다
로스팅한 커피 향이
산사에 낮게 흩어질 때
떨어진 동백이 이별을 준비한다

23

한옥마을

전주역 → 한옥마을 → 전주 공예품전시관 → 오목대 전통정원 → 황손의 집

황손의 집과 한옥의 아름다움

여행정보

- 전주역에서 즉시콜 이용
- 전북장애인콜택시 063-227-0002
- 한옥마을 곳곳
- **전주 라한호텔** 편의객실 209호, 한옥마을 공용 주차장 쪽 위치
  전화 : 063-232-7000
  주소 : 전북 전주시 완산구 기린대로 85
  www.lahanhotels.com/jeonju/ko/maindo
- 공예품전시관 등 곳곳

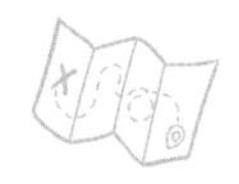

마음속 모든 말을 다 꺼낼 순 없지만 아름다운 기억들은 스스로 존재를 드러낸다. 세월에 등 떠밀려 놓치면 안 되는 꿈꾸던 날들이 보일 듯 말 듯 안개 속 풍경을 자극한다. 지금은 쉼표 주고 가는 게 좋을 것 같아서 여행으로 쉼표를 찍는다. 마음을 평화롭게 만들어주는 여행은 인생의 또 다른 쉼표다.

그곳엔 과거와 오늘의 시간이 흘러간다. 말끔히 지켜낸 오래된 미래는 세계인의 발길로 이어지고 정갈한 골목의 담벼락은 황금빛으로 짙어진다. 선비의 절개 같은 기와지붕은 귀티가 줄줄 흐른다. 전주 한옥마을은 여행객의 발길이 끊이지 않는다. 전주역에서 내려 전동휠체어를 타고 한옥마을까지 냅다 달리기로 했다. 저상버스도 있고 장애인콜택시도 있지만 거리가 멀지 않아 이 정도쯤이야 라이딩 삼아 달리며 주변을 구경하는 재미도 쏠쏠하다. 걷지 않으면 볼 수

없는 풍경들이 느리게 따라온다. 전동휠체어를 타고 걸으며 이곳 사람들은 어찌 사는지 궁금증도 해결한다. 워킹화를 신은 것처럼 자유롭게 움직일 수 있는 전동휠체어는 무장애 여행에 최적화된 이동수단이어서 든든하다. 전주역에서 전동성당까지 스마트폰 길안내 앱으로 거리를 측정해 보니 5.2킬로미터다. 걷기 옵션을 선택하고 가다 서다를 반복해도 30여 분쯤 지나 한옥마을 입구인 전동성당 앞에 도착한다.

한옥마을은 전주시 풍남동과 교동에 위치해 있다. 이곳에는 한옥이 700여 채나 밀집되어 있어 조선시대로 회귀한 것 같다. 열린관광지로 조성되면서 보행로를 개선해 이동시 불편함이 없고 평평한 길이 이어진다. 마을 곳곳에 장애인 화장실이 있고 장애인 주차장, 건

물 입구 무단차, 경사로 등이 잘 갖춰져 있어 누구나 제약 없이 여행할 수 있다. 태조로 골목부터 둘러봤다. 카페, 식당, 소품숍, 한복대여집, 간식코너까지 다양한 상점들이 밀집해 있어 심심할 틈이 없다. 한복과 개화기 의상, 교복을 빌려 입을 수 있는 곳도 있다. 태조로를 걷다 보면 전주공예품전시관을 만난다. 공예품전시관은 부채

를 비롯해 도자기, 스카프 등 소소한 소품들이 가득하다. 바람과 함께 노니는 풍류 전시에는 네모난 부채, 둥근 부채, 접이식 부채까지 기존에 생각지 못했던 부채들로 가득하다. '한국적 살림살이 담고' 전시는 전통을 살린 찻잔과 접시 등이 있어 걸음이 저절로 멈춰진다. 쑥색의 청자4절 나눔 접시에 음식을 담아 먹으면 왠지 격식을 갖춘 귀족이 될 것 같다. 전시관을 다 둘러보고 마당으로 나와 하늘에 걸려 있는 색동 부채를 천천히 쳐다봤다. 햇볕을 가린 부채 덕분에 파란 하늘과 하얀 구름의 움직임이 보인다. 자유로운 구름은 어디로 갈까. 지금 내가 가고 있는 이 길은 어디까지일까. 앞이 보이지 않을 때도 묵묵히 걸었던 그 길은 아직도 거칠고 험한 길이다. 무장애 여행은 추상적인 마음이 아니라 실질적인 접근성이 필요하다.

바로 옆엔 오목대 전통정원이다. 오목대 전통정원은 한국의 토종 식물과 솟대, 영지, 취병 등 한국의 전통적인 요소가 조화롭게 어우러진 정원이다. 소박한 자연과 전통의 아름다움을 함께 느낄 수 있는 쉼터이자, 공연과 전통놀이도 즐길 수 있는 열린 공간이다. 솟대 세 마리가 하늘을 날고 담장 아래 작은 석상은 익살맞게 풀밭에 앉아 있다. 오목대 정원은 오목대 둘레길로 이어진다. 오목대에 오르면 곡선의 용마루들이 한눈에 펼쳐지는 한옥의 아름다움이 볼 수 있다고 한다. 오목대도 열린관광지로 조성됐지만 오르는 길이 가팔라서 휠체어 탄 나로서는 도저히 용기가 나질 않아 전망대 카페에서 한옥마을 전경을 보기로 했다. 전망대 카페는 엘리베이터가 있어 누구나 접근 가능하다. 전망대 카페에서 본 한옥마을 풍경은 입이 떡 벌어져 말문을 잃게 한다. 이렇게 많은 한옥이 모여 있으니 풍경에 압도된다. 숲 안에서는 나무만 보이지만 숲 밖에서는 전체가 보인

다. 한옥마을도 높은 곳에서 내려다봐야 마을의 전경에 감동받는다.

카페를 나와 황손의 집으로 발길을 옮겨갔다. 황손의 집 승광재는 대문이 굳게 닫혀 있다. 승광재는 대원군의 증손자이자 대한제국을 선포한 고종황제와 명성황후의 직계손인 이석 님이 사는 곳이다. 승광재는 전주 시민들의 뜻에 따라 황손인 이석 님이 이곳에 거쳐하게 됐다. 이석 님은 승광재에서 황실에 대한 전통과 문화, 역사에 대한 강연을 한다. 그러니 승광재는 다양하고 특별한 문화 공간이다. 이석 님을 창덕궁 낙선재에서 직접 만난 적이 있다. 이석 님은 하얀 두루마기 한복을 입고 인자한 미소로 나와 사진도 찍었다. 그때의 만남이 승광재에서 재현되면 얼마나 좋을까 생각해 보지만 만남은 이루어지지 않았다. 인연이 닿았으니 언젠가 또 이석 님을 만날 수 있을 것 같은 느낌이 든다. 옛 고택이 그렇듯 대문 앞에는 계단 세 개가 태산처럼 버티고 있어 휠체어 탄 나로서는 승광재 안으로 들어갈 수 없다. 그래, 한두 번 겪는 일도 아니고 맘 넓은 내가 참아준다. 아마도 내가 죽고 나면 몸속에 사리가 한 말은 있을 거다. 장애인도 사회적 장벽과 인식의 부재로 무던히도 절제하고 인내하는 삶을 살아간다. 나도 그중 한 사람이다. 그러니 내 몸속에도 '사리'가 한 말? 아니 한 가마는 나올 것 같다.

24

경기전

홍살문 → 경기전 → 제기고 → 어진박물관

태조 이성계의 어진을 보관한 곳

여행정보

- 전주역에서 즉시콜 이용
- 전북 장애인 콜택시 063-227-0002
- 한옥마을 곳곳
- **전주 라한호텔** 편의객실 209호, 한옥마을 공용 주차장 쪽 위치
  전화 : 063-232-7000
  주소 : 전북 전주시 완산구 기린대로 85
  www.lahanhotels.com/jeonju/ko/maindo
- 공예품전시관 등 곳곳

한옥마을 골목을 빠져나와 '경기전' 쪽으로 갔다. 경기전은 전동성당과 태조로를 가운데 두고 마주하고 있다. 경기전 앞에는 누구든 말에서 내려 말을 묶어놓고 걸어가라는 하마비가 있다. 이곳에 이르는 자는 계급의 높고 낮음, 신분의 귀천을 떠나 모두 말에서 내리고 잡인들은 출입을 금한다는 말이 적혀 있다. 경기전은 조선왕조의 상징인 태조 어진을 봉안한 곳이어서 이 수문장의 위력은 대단했을 것이라 짐작된다. 말에서 내려 걸어가라고 하지만 휠마를 탄 나는 내릴 수 없으니 바로 경기전 안으로 들어간다. 조선시대 걷지 못하는 장애인은 어찌 다녔을까? 권세와 돈 많은 집안의 장애인은 가마를 타고 하인들이 모시고 다녔을까? 그럼 가난한 장애인은 집안에서 한 발짝도 나오지 못하고 먹고, 싸고, 자고를 방안에서 다 해결했을까? 정 바깥 구경이 하고 싶으면 기어서 다니거나 가족 중 누군가에게 업혀 다녔을 것 같다. 그것도 업힐 수 있는 장애는 가능했겠지만.

태조 이성계의 어진을 보관한 곳

중증의 장애가 있으면 집안에 요강을 둔 채 볼일을 해결하며 바깥세상을 그리워했을 것 같다. 세종대왕 때 복지정책은 가족 중 돌보야 할 장애인이나 노인이 있으면 세금도 감면해 주고 징집도 면해줬다고 한다. 세상에 버릴 사람은 아무도 없는 것처럼.

경기전은 열린관광지로 조성된 후 접근성이 현저히 나아졌다. 들어가는 초입부터 기존의 건물과 찰떡같이 어울리는 경사로가 있어 휠마를 탄 여행객도 걱정 없다. 홍살문 옆으로는 경사로가 잘 마련돼 있어 정전으로 가는 길에 방해물이 없다. 경기전의 명칭은 세종 때 붙인 이름이라고 한다. 홍살문을 지나 태조의 어진이 모셔진 정전으로 갔다. 경기전 정전은 보물로 지정된 국가유산이다. 조선황실

의 어진이 모셔진 곳인데 국보가 아니고 왜 보물일까? 국보와 보물은 모두 유형문화재이지만 국보는 보물에 해당하는 국가유산 중 제작연대가 오래되고 특유의 제작기술이나 형태가 뛰어나거나 특이한 것을 국가유산위원회의 심의를 거쳐 지정한 것으로 보물보다 더 우수한 유형의 국가유산이라고 한다. 어쨌든 내 눈에는 경기전 정전의 어진도 국보같이 보인다.

2024년 5월부터 문화재청이 국가유산청으로 명칭을 바꿨다. 1962년 제정한 문화재보호법 아래 유지되어 온 문화재 체계를 국가유산 체계로 전환해 문화재 대신 국가유산으로 개칭했다. 왜 바꿔야 하는지는 국가유산청 홈페이지에 잘 설명되어 있다. 그 내용을 옮겨

태조 이성계의 어진을 보관한 곳

보면, 문화재를 보는 관점과 기준이 변하고 있기 때문이다. 그동안 문화재의 가치를 문화+재물 재(財), 즉 돈으로 평가하기 때문이라고 한다. 게다가 무형유산 전승자인 사람과 무형유산 전승자와 소나무도 사물로 취급받기 때문이라고 한다. 맞는 말이다. 문화유산 가치를 돈으로 계산하는 건 우리 스스로도 부끄러운 일이고 누군가 금액을 정하는 것도 맞지 않다. 개인이 소장한 옛 물건들은 그 가치가 궁금하고 값으로 어느 정도 하는지는 궁금하겠지만, 국가유산은 우리 모두의 것이기에 값을 정할 수 없다. 세계유산도 인류의 것이지 어느 국가나 개인의 것이 아니어서 국제적으로 보호해야 하는 게 마땅하다. 이제 문화유산 답사가 아닌 국가유산 답사로 미래를 향해 가야 한다.

어진이 모셔진 정전 안으로는 휠체어 탄 관람객은 진입할 수 없다. 늘 그렇듯 정전 앞 가까이만 갈 수 있어 목을 쭉 빼고 보이는 데까지만 볼 수 있다. 이럴 땐 가제트 목이 되면 좋겠다.

목이 길게 늘어나서 정전 안까지 샅샅이 볼 수 있게 말이다. 미래엔 신체적 손상이 있어도 가제트처럼 온몸이 마음대로 움직이고 쭉쭉 늘어나는 보조기기가 상용화되면 얼마나 좋을까. 과학의 처음은 사람의 편의를 위해 만들어지고 발전해 왔으니까.

정전 가운데 길은 왕의 길인 '어도'다. 어도에서 오가는 사람들의 표정을 살피며 한참을 있었다. 한복을 입은 외국인의 발길이 끊이지 않는다. 한복은 외국인이 입어도 왜 그렇게 자태가 곱든지 넋을 놓고 쳐다볼 수밖에 없다. 한옥, 한복, 한식, 한글 등 한국을 대표하는 다양한 콘텐츠는 세계인의 동경이 되고 있다. K-관광이 그들의 호기심과 지적 욕구를 끌어내는 여행 견인차 역할을 톡톡히 하고 있다. 안전하고 편리한 무장애 관광은 국내외 관광객의 접근성을 높이

태조 이성계의 어진을 보관한 곳

는 데 앞장서고 있다. 무장애 관광의 마중물 역할을 하는 열린관광지 조성은 인식 개선에 지대한 역할을 하고 있다.

정전에서 나와 경기전 뜰로 갔다. 경기전 뜰에는 부속 건물이 여러 개 있다. 그중 눈에 띄는 건물이 '제기고'다. 제기고는 제사를 지낼 때 사용하는 여러 가지 그릇과 기구 등을 보관하는 장소다. 제사 때 사용하는 그릇은 일반 그릇과 달리 정갈하고 성스러운 물건이어서 별도의 건물에 보관해야 한다. 귀한 물건을 애지중지할 때 신줏단지 모시듯 한다는 말이 있다. 제기도 신줏단지처럼 보관하려면 습기에 노출되지 않게 지면과 분리해 마룻바닥을 만들어 건물을 따로 지었다고 한다. 경기전에는 어진박물관도 있다. 어진박물관은 보수 공사 중 이어서 패스했다. 경기전 대나무숲도 그냥 지나 칠 수 없다. 담장을 따라 대나무숲이 빼곡히 들어차 있고 한복 입은 관광객은 대숲에서 인생사진을 찍느라 바쁘다. 대숲에는 예종대왕 태실과 비가 있다. 왕가에서는 아이가 태어나면 그 태를 태항아리에 담아 석실에 묻었다.

전주 한옥마을을 비롯해 경기전 곳곳이 휠체어 탄 여행객도 관람하는 데 양호하다. 사람이 몰리는 곳은 다 이유가 있다. 관광자원을 잘 관리하고 모두가 향유할 수 있도록 하는 것은 무엇보다 중요하다. 접근성이 개선된 경기전에서 '이성계가 꿈꿨던 국가란 무엇일까?' 생각해보는 하루였다.

25

전동성당

한국 천주교 최초의 순교터

여행정보

- 전주역에서 즉시콜 이용
- 전북 장애인콜택시 063-227-0002
- 남부시장
- **전주 라한호텔** 편의객실 209호, 한옥마을 공용 주차장 쪽
  전화: 063-232-7000
  주소: 전북 전주시 완산구 기린대로 85
  www.lahanhotels.com/jeonju/ko/maindo
- 전동성당/ 성당 건너 여행안내센터 1층/ 남부시장 주차장 앞

전주 한옥마을 여행에서 전동성당은 여행 필수 코스다. 그러고 보면 전주 한옥마을 일대는 조선시대와 근대, 현대까지 몇 백 년의 시간을 넘나든다. 전동성당은 천주교 신자인 윤지충과 권상연이 참수되어 순교한 한국 천주교 최초의 순교터다. 조선에 천주교가 처음 들어왔을 때만 해도 박해의 대상이었다. 철저한 신분사회인 조선에 천주교의 평등 교리는 사회 근간을 흔드는 위험한 종교였다. 천주교는 차별과 억압의 삶을 사는 민초들에게는 획기적인 종교이자 이념이었을 것 같다.

장애인에게 자립생활은 중요하다. 자립생활은 차별과 멸시, 동정과 시혜 속에서 살아온 장애인들에게 평등한 세상으로 나아갈 수 있는 새로운 희망이자, 마치 종교와도 같은 중요한 이념이다. 장애인을 대하는 불량한 태도에서 발생하는 문제가 장애인을 더욱 힘들게 한다. 장애인들은 이러한 사회적 인식을 바꾸기 위해 몸부림쳐 왔다.

장애인들은 시설에서 사회와 격리된 채 타인이 자신의 삶을 관리하는 시스템에서 벗어나, 스스로 삶을 선택하고 책임지며 지역사회에서 함께 살아가야 한다고 주장해왔다. 자립생활의 첫 단추는 이동의 자유이다. 이동이 자유로워야 학교에 가고, 일하러 가며, 문화를 누릴 수 있기 때문이다. 휠체어를 탄 시민도 안전하게 지하철을 탈 수 있도록 엘리베이터를 설치하고, 승강장과 전동차 사이의 단차를 줄여야 한다는 요구를 지금까지 계속해오고 있다.

지금도 장애인의 삶은 천주교가 조선에 들어왔을 때와 비슷하다. 새로운 문화의 가치는 기존의 질서를 바꾸는 힘이 있다. 종교도 그렇다. 반면 사람들은 선을 긋는 걸 좋아하기도 한다. 종교로 경계를 긋고, 대륙으로 경계를 긋고, 국가별로 경계를 긋는 행위는, 어쩌면 인간의 본능 아닐까. 경계가 없으면 훨씬 자유로울 테지만 경계를 그으면서 그 안에서 집단을 지키며 안전을 도모하려 한다. 각기 다른 종교로 선을 그으며 소속감을 느끼기도 하니까!

전동성당 건물 앞에 놓인 예수와 마리아가 양쪽에서 안아줄 것 같다. 예수는 팔을 벌리고 그의 품에 안기라고 하는 것 같고, 마리아는 아기 예수를 안고 세상에서 가장 인자한 미소로 바라보고 있다. 성

당 정문으로는 계단이 있어 들어갈 수 없지만 오른쪽 쪽문에 경사로가 마련돼 있어 안으로 들어갈 수 있다. 성당 안은 타원형의 길쭉한 창문과 재단 위 높은 천장의 시대를 초월하는 스테인드글라스 사이로 빛이 투영되고 있다. 조용하고 근엄한 분위기에 압도돼 손은 저절로 모아져 공손해지고 나도 모르게 눈을 감고 고개를 숙였다. 그리고 이렇게 중얼거리고 있었다. '전주 여행에 함께해 주세요.'

급히 성당을 나와 관리소 쪽에 장애인 화장실로 갔다. 그런데 화장실 자동문이 고장났다. 오줌은 쌀 것 같은데 꾹 참고 바로 옆 관리실로 급히 가서 화장실 문 고장을 알렸다. 관리인은 바로 나와 장애인 화장실 문을 열어보려 진땀을 흘렸지만 고장난 문은 열리지 않았다. 그는 당황해하며 담당자를 불러야 한다며 성당 건너편 풍남정 바로 옆 건물에 장애인 화장실이 있다고 알려줬다. 부리나케 길 건너 장애인 화장실로 달려갔다. 그런데 화장실 안이 너무 좁아 변기에 옮겨 앉기가 너무 불편했다. 다리를 구겨가며 겨우 변기에 앉아 자세를 잡으려 휠체어를 뒤로 조금 밀었더니 접이식 문이 반은 열렸다. 그럼에도 급한 불을 꺼야 했기에 좁은 틈을 비집고 옷을 반쯤 벗는데 오줌이 나오기 시작했지만 어찌저찌 볼일을 봤다. 이런 불상사를 사전에 막기 위해 외부 활동을 할 때에는 기저귀를 항상 차고 다닌다. 여행하다 보면 가장 힘든 게 화장실이다. 요즘은 여행지마다 장애인 화장실이 곳곳에 늘어나고 있지만 문제는 화장실 안의 편의시설이다.

대부분의 변기 등받이가 앞쪽으로 너무 툭 튀어나와 변기에 앉으면 상체가 앞으로 숙여져 옷을 벗고 올리지도 못한다. 게다가 등받이는 듀오백 형태다. 최근 BF인증에서는 '듀오백' 형태의 등받이를 설치하는 걸 표준으로 하고 있다. 하지만 '듀오백' 형태의 등받이는 등을 꽉 잡아 꼼짝할 수 없다. 장애인·노인·임산부 등의 편의증진 보장에 관한 법률에 따른 장애인 화장실은 편의시설의 구조·재질 등을 규격에 맞게 설치해야 한다고 규정하고 있지만, 가장 많이 이용하는 변기와 등받이에 관한 규정은 없어 장애인 화장실의 불편함이 가중되고 있다.

현재로선 등받이 설치기준이 없기 때문에 화장실마다 제각각이다. 장애인은 변기에 앉아 좌우로 상체를 움직이면서 하의를 벗고 올린다. 그런데 '듀오백' 형태의 등받이 때문에 옷을 벗기도 전에 오줌을 싸고 만다. 오줌이면 그나마 다행이다. 급똥이면 대참사가 벌어진다. 옷을 내리기도 전에 급똥을 싼 적도 여러 번이다. 이럴 땐 수치심이 치밀어 오르면서 존재를 부정하게 된다. 하의를 벗고 똥 범벅된 기저귀기를 빼내고 씻어내야 하지만 샤워기가 없거나 있어도 줄이 짧아 변기까지 닿지 않아 물티슈로 대충 똥을 닦아내야 한다. 여성의 신체구조상 중요 부위로 똥이 침투해 균에 감염돼 치료를 받아야 할 때도 있다. 치료하는 며칠 동안은 화장실 볼일을 볼 때마다 중요 부위가 따갑고 아프다. 게다가 좁은 변기에서 떨어지는 사고도

난다. 변기커버도 안전사고를 부추긴다. U자형 변기커버는 바지를 올릴 때 커버 속으로 옷이 끼어 이중 삼중으로 고통을 받는다.

장애인 화장실의 편의시설 설치가 얼마나 중요한지 사용할 때마다 느낀다. 편의시설은 안전과 직결된다. 원초적 본능을 억제하려고 야외활동을 할 때는 물을 마시지 않거나 음식도 아예 먹지 않을 때가 태반이다. 무늬만 장애인 화장실이기 때문에 화장실에 대한 트라우마가 생겼고 스트레스가 극에 달해 심장은 쪼그라들고 자존감은 바닥을 긴다.

26

남부시장

거부할 수 없는 맛의 향연

여행정보

- 전주역에서 즉시콜 이용
- 전북 장애인 콜택시 063-227-0002
- 남부시장
- **전주 라한호텔** 편의객실 209호, 한옥마을 공용 주차장 쪽
  전화: 063-232-7000
  주소: 전북 전주시 완산구 기린대로 85
  www.lahanhotels.com/jeonju/ko/maindo
- 전동성당/ 성당 건너 여행안내센터 1층 남부시장 주차장 앞

전주에 왔으니 맛있는 음식 여행은 필수라 길 건너 남부시장으로 갔다. 남부시장도 열린관광지로 조성돼 맛집 접근이 용이하다. 시장을 한 바퀴 둘러보고 뭘 먹을지 고민하다가 콩나물국밥을 먹기로 했다. 남부시장식 콩나물국밥의 원조 맛을 느껴보고 싶어서다. 콩나물국밥과 육회비빔밥을 시켰다. 밑반찬이 세팅되고 곧이어 콩나물국밥과 육회비빔밥이 나왔다. 콩나물국밥에 새우젓을 넣고 수란에 국물 몇 숟갈 끼얹고 김가루를 뿌려 휘휘 젓고 토렴된 콩나물국밥 속에 깊이 묻었다. 깔끔한 국물에 아삭한 콩나물은 씹는 맛도 일품이다. 국밥 한 숟가락에 여행의 피로가 싹 가신다. 맛있는 음식을 먹을 때는 말이 필요 없다. 그냥 음식 맛에 집중하며 따끈한 국밥이 몸속으로 들어가 피가 되고 살이 되어 기운을 북돋아줄 뿐이다. 육회비빔밥도 기가 막힌다. 싱싱한 육회와 갖은 채소가 섞이면 합이 잘 맞는 오케스트라 같다. 어느 것 하나 튀는 법이 없고 각자의 고유성을

Nambu Market
코오롱
양품
양가네
녹두전
패션
288-0875
고추
튀김

살리면서도 조화를 이룬 육회비빔밥.

남부시장 음식 가격은 합리적이면서 맛은 고품질이 보장된다. 문턱 없는 식당이 많아 골라먹는 재미를 느낄 수 있고 서비스 접근성도 최고다. 무장애 여행을 하다 보면 문턱 없는 음식점을 찾는 것이 중요하다. 아무리 음식점이 많아도 문턱이 높으면 접근할 수 없기 때문이다. 문턱 없는 식당을 찾았다 해도 불편한 상황이 생긴다. 곰탕집에 문턱이 없어 들어갔다가 다른 손님들에게 방해가 된다며 나가라는 말을 들었다. 한두 번 겪어본 일이 아닌데도 온몸이 부들부들 떨렸다. 그냥 나오면 안될 것 같아 한마디했다. “누가 공짜로 먹는다고 했어요, 돈 내고 먹겠다는데 왜 나가래요. 빈자리도 많은데.”, 주인은 더 큰소리로 “당신 같은 장애인한테 밥 안 파니까 당장 나가.” 밥 먹던 손님들의 시선이 일제히 나를 향했다. 더 이상 싸울 가치도 없고 혈압이 올라 얼굴이 화끈거려 나와버렸다.

한참 동안 분을 삭이고 근처 다른 식당으로 갔지만 식당문 앞에서 들어가야 할지 말아야 할지 망설여졌다. 용기를 내서 들어갔다. 다행히 친절하게 응대하며 테이블로 안내 받았다. 메뉴를 고르며 떨리는 목소리로 “여긴 친절하네요.”하고 말했다. 그리고 곧 반찬이 세팅되고 본 메뉴가 나왔다. 곰탕집에서 쫓겨난 후유증인지 음식이 목구멍으로 넘어가질 않았다. 억지로 욱여넣으면 체할 것 같아 숟가락을 내려놨다. 며칠 후 쫓겨난 곰탕집을 일부러 다시 찾아갔다. 그런

데 문턱이 만들어졌다.

장애인차별금지법은 장애인을 정당한 사유 없이 거부하면, 차별

이라고 규정하고 있다. 시각장애인 안내견을 거부하면 벌금 300만 원을 내야 하고, 장애인 주차장에 주차하거나 주차 방해를 해도 벌금이 부과된다. 그런데 정작 휠체어 탄 사람을 거부해도 차별당한 피해자가 입증해야 한다. 벌금 조항이 없어 가해자는 처벌 없이 권고에 그친다. 그것도 차별이라고 인용됐을 때만 그렇다. 차별이라는 증거를 확보하지 못하면 오히려 영업방해로 신고를 당한다. 인권위 조사관도 문제다. 사건 현장에 나와 피해자와 가해자의 주장을 정확히 듣고 현장을 파악해 조사해야 함에도 가해자에게 전화 조사를 하거나 가해자가 보낸 사진 증거만으로 차별 여부를 판단해 대부분 기각으로 처리한다.

남부시장에서 마음껏 먹을 수 있는 건 장애인 화장실이 시장 주차장 옆에 보장돼 있고 문턱 없는 식당이 많기 때문이다. 그에 더 보태자면 장애인 손님을 대하는 태도가 편견 없기 때문이다. 먹고 싸는 원초적 본능을 해결하는 데 걱정 없다는 건 인간으로서 존엄이 지켜진다는 것이다. 늘 잘하기만 하면 잘 못했을 때 어떻게 대응해야 하는지 모른다. 장애인도 실패를 경험해야 잘하는 방법을 찾을 수 있다. 무장애 여행도 그렇다. 가보지 않고는 알 수 없기에 실패해도 길을 나서는 것이 중요하다.

전주 여행에서 지친 기색 없이 오래된 시간을 탐험했다. 그 시간을 가꾸지 않았더라면 방치된 채 발길이 끊기거나 뜸했을 것 같다. 잊히지 않고 기억하는 건 시간만이 아니다. 그곳에 묻힌 추억을 꺼내 오늘을 살아가고 내일을 기약할 수 있다. 거기 오래된 미래가 전주에서 빛나고 있다.

27

영광

일주문 → 산림박물관 → 대웅전 → 저수지

지금 여기서 행복하기
'불갑사 상사화'

여행 정보

목포역
영광군 내 교통약자 차량 6대 운행

전남교통약자이동지원센터 콜택시 이용 1899-1110

풍성한 집 061-356-0733

불갑사 안내센터 뒤/ 영광산림박물관 내/ 풍성한 집

“그대를 만날 때면 이렇게 포근한데 이룰 수 없는 사랑을, 사랑을 어쩌면 좋아요.” 가을이면 〈어느 소녀의 사랑이야기〉 이 노래가 생각난다. 사랑의 형태는 다양하지만 이 노래를 따라 가야 할 것 같은 여행지가 있다. 늘 곁에 있어 사랑이 사랑인 줄 모르는 무뎌진 사랑의 세포를 깨우러 불갑사로 향했다. 불갑사는 가을이 시작될 즈음 상사화가 한창이다. 상사화는 전설 속에서 이루어질 수 없는 사랑을 상징하는 꽃이라고 전해진다. 잎과 꽃이 한 번도 만나지 못하는 것처럼, 연인들 간의 이룰 수 없는 사랑을 상징한다. 시나 소설, 예술작품에 자주 등장하는 상사화. 동서양을 막론하고 남녀간의 이룰 수 없는 사랑은 애절하다. 로미오와 줄리엣, 견우와 직녀처럼 이루어질 수 없는 그들의 사랑이 붉은 울음을 토해내 상사화로 피어난 것 같다.

불갑산에는 7월 중순부터 진노랑 상사화가 피기 시작해 9월 중순경이면 붉은 꽃무릇이 온통 불게 물든다. 멀리서 보면 불갑산 일원에 산불이 난 것처럼 빨갛다. 이별 꽃이라고 불리는 붉은 상사화는 꽃술이 길고 비늘줄기는 절에서 탱화나 불경을 제본할 때 방부제로 쓰인다. 잎이 있을 때는 꽃이 없고 꽃이 있을 때는 잎이 없어 잎은 꽃을 생각하고 꽃은 잎을 생각한다고 해서 남녀간의 애틋하고 간절한 사랑을 의미한다. 석산(꽃무릇)은 꽃모릇 혹은 붉은 상사화로 불

리며 옛날 가난한 백성들의 구황식품으로 이용됐다. 꽃무릇 알 뿌리에 함유된 녹말을 걸러내 죽을 끓여 먹을 수 있는데 알뿌리에 독소가 있어 이를 가라앉히려면 꽤 시간이 걸렸다고 한다. 이를 참지 못하고 그냥 죽을 쑤어 먹으면 배탈로 곤욕을 치렀기 때문에 "자발스런 귀신은 무릇 죽도 못 얻어먹는다"라는 속담이 생겼다. 그러고 보면 한국인은 독초도 먹을 수 있게 가공해서 식량으로 사용하는 탁월한 능력이 있다.

휴대폰을 꺼내 연신 셔터를 누르면 붉은 상사화가 카메라 속으로 마구 들어온다. 꽃을 따라 불갑사 쪽으로 올라가다 보면 다양한 조형물이 사진 찍으라고 손짓한다. 이맘때 주인공은 상사화이지만 조연들의 역할도 분주하다. 사랑 없이는 생명이 존재할 수 없다. 그 사

랑이 애증이든, 열정이든, 사랑이 시작돼야 이별도 있다. 이루어질 수 없는 사랑이어서 더 애틋하고 애절한 것처럼, 사랑도 일도 관계도 실패를 경험해야 성공 확률을 높인다.

불갑사 일원은 열린관광지로 조성된 후 접근성이 눈에 띄게 달라졌다. 야자매트가 있던 자리는 데크가 설치됐고 비좁고 하나뿐이던 남녀 공용 장애인 화장실은 안내센터 뒤에 널찍하게 남녀 장애인 화장실이 생겼다. 주차장에서 안내센터 쪽으로 휠체어 보행로도 새로 만들어졌다. 열린관광지 조성 전과 후를 비교해 보면 확연하게 달라졌다는 걸 알 수 있다. 불갑사 관광지도 그렇다. 상사화 군락지도 데크 길을 따라 사뿐히 걸을 수 있어 좋다.

일주문을 지나면 첫 번째 만나는 곳이 영광산림박물관이다. 산림박물관은 영광 지역에 자생하는 산림에 관한 모든 것을 전시하고 있다. 상사화 축제 기간에는 자수 명인 김현숙 작가의 개인전을 하고 있다. 천위에 펼쳐지는 예술의 세계는 상상을 초월한다. 그녀의 작품 속에 핀 꽃무릇은 가을빛으로 찾아온 그리움이다. 박물관에는 장애인 화장실도 있어 볼일 보고 가기 좋다. 박물관을 나와 탑원으로 갔다. 탑원은 간다라(파키스탄 서북부) 지역의 토목 건축 양식으로 지어졌다. 탑원 중앙에는 경사길이 있어 휠체어 타고도 진입 가능하다. 탑원을 한 바퀴 빙 돌고 발길을 옮겨 불갑사 쪽으로 갔다.

불갑사 왼쪽으로 짧은 경사길을 지나면 경내다. 사찰에 울려 퍼지는 예불 소리에 긴장된 마음이 차분해진다. 불갑사에는 유독 노인과 등산객이 많다. 불갑산 자락에 폭 안긴 사찰이어서인지 등산객에게 안성맞춤 여행지인 것 같다. 다섯 코스로 탐방로가 있어 운동 삼아 불갑산에 오르는 사람이 제법 있다. 수동휠체어 탄 노인과 가족도 눈에 많이 띈다. 그러고 보면 전동휠체어를 타고 여행하면 좋은 점도 많다. 먼 길을 걸어도 다리가 안 아프고 주변도 자세히 볼 수 있다. 다리가 아프지 않으니 마음의 여유도 유지돼 여행하는 내내 콧노래가 저절로 나온다. 전동휠체어는 배터리 동력으로 움직인다. 내가 사용하는 전동휠체어 배터리는 30킬로미터 거리는 거뜬히 이동 가능하다. 그래서인지 하루 종일 불갑사일원을 둘러봐도 배터리 걱정 없이 희희낙락 여행이 이어진다.

여행을 시작하는 데도 용기가 필요하다. 장애인, 노인, 영·유아 동반 가족 등은 더욱 그렇다. 휠체어 탄 장애인 등 관광약자에게 접근 가능한 여행은 필수 조건이기 때문이다. 무장애 여행은 물리적 접근성, 정보 접근성, 서비스 접근성까지 장벽 없는 여행을 추구해 관광약자의 여행의 권리를 보장한다. 최근 산사에도 장애인과 고령의 여행객이 증가함에 따라 접근성을 높이기 위해 개선 작업이 이루어지고 있다. 하지만 산이라는 지형의 특성과 문화유산이 많아서 접근성 개선 속도가 더디기만 하다. 그렇다고 산사여행을 전혀 할 수 없는 건 아니다. 조금씩 개선되어 가는 산사를 자주 찾다 보면 인식이 개

선되어 무장애 사찰 여행이 가능해지기 때문이다.

경내에 들어서면 오른쪽에 해우소가 있다. 장애인 화장실에서 근심을 비우려다가 되레 근심이 쌓이고 말았다. 먹는 것도 중요하지만 비우는 것은 더 중요하다. 휠체어 탄 장애인 등 관광약자는 편의시설이 갖추어진 해우소가 있어야 하지만 불갑사 장애인 화장실은 휠체어가 진입하면 문이 닫히지 않는다. 화장실은 오롯이 자신만의 공간이어야 한다. 외부에 노출되면 마음이 불안해 나오던 것도 끊긴다. 비울 수 없는 여행은 불안과 초조함으로 여행의 질을 떨어뜨린다.

발길을 돌려 부처님과 만날 수 있는 대웅전에 닿았다. 늘 그렇듯 대웅전은 계단 투성이다. 경계 긋고 있는 계단 때문에 대웅전 안으로 진입할 수 없어 부처님도 뵐 수 없다. 세월 흘러도 변하지 않은 것과 넘을 수 없는 것이 계단뿐이던가. 사회 곳곳에는 보이지 않는 경계가 지천이다. 성별이 달라서, 피부색이 달라서, 휠체어를 타서, 가난해서, 학벌이 달라서, 지역이 달라서, 나라가 달라서 등 다양한 경계를 그어 밀어내는 사람과 밀려나는 사람이 있다. 밀려나지 않으려 연대하고 함께 살아가려 애쓰는 이들에게 불갑사는 위로를 건넨다. '"괜찮아 잘하고 있어!"

불갑사 저수지로 발길을 이어갔다. 휠체어 탄 여행객도 저수지 산

지금 여기서 행복하기 '불갑사 상사화'

책길을 걸을 수 있다. 물과 숲이 만나는 불갑사 저수지는 마음의 찌든 때를 싹 씻어주는 것 같다. 빠르게 돌아가는 첨단 사회는 번아웃을 유발한다. 경쟁이 심화되며, 자칫하면 속도에 뒤처져 따라가지 못하거나 포기하게 된다. 속도 조절은 어렵고, 정도 조절은 아예 생각할 수 없다. 그럼에도 불구하고 스스로를 무능력자라고 자책하며, 결국 도태되고 만다. 속도에 지친 내게 불갑사는 말을 건넨다. 중요한 건 속도가 아니라, 스스로 속도를 조절하는 것이라고.

인생에 있어 다시 돌아오질 않을 지금 이 순간, 일상을 기록하고 추억을 만들어 기억을 저장하는 데 여행은 좋은 활동이다. 여행하기 좋은 시기는 오늘이다. 바로 오늘이 가장 젊고 장애도 가장 가벼운 날이다. 불갑사에서 느리게 거닐며 마음에 빈 공간을 채워본다.

28

소수서원

강학당 → 전사청 → 경렴정 → 소수 박물관 → 선비촌

선비의 고장에서 조선시대로 '타임슬립'

여행정보

- KTX 영주역
- 경북광역이동지원센터 즉시콜 이용 1899-7770
- 소수서원 앞 식당가 다수
- 소수서원/ 식당가/ 박물관/ 선비촌

거대한 산이 아름다운 건 험준한 굴곡이 있기 때문이다. 고도를 높일수록 산을 짙게 감싸는 구름이 숨을 고른다. 쉼 그리고 맛의 느낌표까지, 잠시 호흡을 정리하는 이 시간이 빈틈없이 꽉 채워진다. 시간을 초월한 공간에선 고개를 돌리는 각도마다 다른 시대가 펼쳐진다. 지난 시간과 닿은 공간에서 당시의 사람들을 만난 것 같다. 범인(凡人)은 역사를 간직한 시간 앞에 숙연해지고, 빈자리는 그 사람의 크기를 깨닫게 한다.

지금 내가 소수서원에 있는 건 보이지 않는 붉은 실로 과거와 묶여 있어서인 듯하다. 인연은 관계이고, 관계는 이리저리 칡넝쿨처럼 얽혀 있다. 내가 한 행동이 언젠가 내게 돌아올 수도 있어 스치고 간 인연에도 예의를 갖추어야 한다.

처음엔 질서보다 자유로움을 추구했고, 이후 질서를 안으로 들여놓아 후대에게 남긴 소수서원, 안으로 들어서자 깜짝 놀랐다. 유복(儒服)을 입은 노인 서너 명이 서원 어디론가 잰걸음으로 향하고 있었기 때문이다. 나도 모르게 그들의 뒤를 따라갔다. 그들은 마치 조선시대에서 온 것 같았다. 사극에서 본 장면이 내 눈앞에서 펼쳐지고 있었다. 분명 꿈은 아니었다. 그렇다고 조선시대로 순간 이동한 것

같지도 않았다. 게다가 헛것을 본 것도 아니었다.

그들을 따라 도착한 곳은 강학당이었다. 강학당은 소수서원의 중심 건물로 학문을 가르치고 배우던 곳으로, 서원에서 규모가 가장 크고 보물로 지정되었다. 강학당은 유복을 입은 사람들로 가득했다. 마침 순흥 안씨(順興 安氏) 제삿날이었던 것. 유복 차림 사람들은 제사를 지내기 위해 모인 이 지역의 유림이었다. 이런 장면은 아주 보기

드문 광경이다. 오지게 재수 좋은 날이다.

조선시대 순흥 안씨는 단종 복위를 위해 활동하다가 역적으로 몰려 떼죽음을 당했다. 당시 서원 아래 죽계천이 핏물로 변해 하천 끝에 있는 피끝마을까지 흘렀다고 한다. 이후 죽계천 '취한대' 바로 옆 경자바위(敬子巖)에선 우는 소리가 크게 나곤 했다고 한다. 이를 두고 죽임을 당한 사람들의 원한이 깊어 나는 소리라고 전해진다. 남은 자들은 원혼을 달래기 위해 붉은색으로 공경할 '敬(경)' 자를 바위에 새기고 넋을 위로하면서부터 더 이상 바위에서 우는 소리가 나질 않았다고 한다. 그들을 기리기 위해 매년 봄, 가을에 제사를 지낸다.

소수서원 풍경에는 누구나 홀딱 반할 수밖에 없다. 옛 선비들은

이렇게 아름다운 풍경을 앞에 두고 어떻게 집중하며 공부했는지 의아하다. 서원 아래로 맑고 투명한 죽계천이 흐르고 눈만 돌리면 소백산 자락의 청아한 풍광이 공부를 방해할 정도로 아름답다.

경북 영주 소수서원은 1543년(중종 38년)에 건립된 우리나라 최초의 사액서원으로, 역사적으로 중요한 의미를 지닌 곳이다. 1542년 주세붕이 고려말 유학자 안향을 기리기 위해 건립했다. 안향은 우리나라에 처음으로 성리학을 들여왔고 후일 조선 건국의 주도 계층인 신진사대부의 형성에 중요한 계기를 마련한 인물이기도 하다. 1550년 이황이 풍기 군수로 재임하면서 조정에 건의해 명종이 친필로 쓴 현판을 내렸다. '소수(紹修)'라는 이름은 '무너진 교학을 다시 이어 닦게 하라'는 뜻을 담고 있다.

소수서원은 유네스코 세계문화유산으로 등재된 국내 아홉 개 서원 중 가장 오래된 서원이다. 아홉 개 서원은 이곳 영주 소수서원을 포함하여 함양 남계서원, 경주 옥산서원, 안동 도산서원, 장성 필암서원, 달성 도동서원, 안동 병산서원, 정읍 무성서원, 논산 돈암서원이다.

서원을 둘러싼 소나무숲은 수백 년의 시간을 품은 장관이다. 소수서원에는 국보와 보물도 가득하다. 보물인 강학당(講學堂) 뒤에는 책을 보관하는 장사각이 있다. 장사각은 나라에서 내려준 책과 서원의

책, 서원에서 출판한 목판을 보관했던 곳으로 지금으로 치면 도서관과 비슷한 곳이다. 건물은 크지 않지만 임금이 내려준 서책과 각종 책 3,000여 권을 보관했던 건물이다.

전사청(典祀廳)으로 발길을 옮겼다. 전사청은 제사를 지낼 때 쓰는 제기를 보관하고 제사음식을 마련하던 곳이다. 지금도 제사음식은 전사청에서 정성껏 준비해 제사에 올린다. 메인 공간을 둘러보고 경렴정으로 나왔다.

경렴정(景濂亭)은 소수서원의 대표적인 휴식 공간으로 원생들이 시를 짓고 학문을 토론하던 정자이다. 정자 내부에는 이황과 주세붕 등이 자연을 노래한 시가 적힌 현판이 걸려 있다. 경렴정에는 두 개의 편액도 걸려 있는데, 정면의 편액은 퇴계 이황의 글씨이고, 내부의 초서체 글씨는 고산 황기로의 글씨다. 경렴정은 우리나라에서 가장 오래된 정자 가운데 하나로 소수서원 원생의 풍류 문화를 엿볼 수 있다. 경렴정 앞에도 숲이 울창하다. 나이 많은 소나무와 은행나무가 많아 숨을 들이마실 때마다 숲내음이 가득하다. 수령 500년 정

도 되는 은행나무는 사원이 만들어질 무렵 심어졌던 것으로 추정된다.

소수서원은 인근에 '소수 박물관'과 '선비촌'까지 갖추고 있어 삼박자가 딱 맞아떨어진다. 소수 박물관은 유교와 관련된 전통문화 유산을 체계화하고, 우리나라 최초의 사액서원으로 유교의 이상을 간직한 소수서원을 통하여 민족정신의 뿌리를 찾아가는 민족문화의 전당이다. 휠체어 이용자의 접근성도 용이하다.

바로 옆에 조성된 선비촌은 민속촌과 비슷하다. 선비촌에서는 먹을거리도 판매하고 조랑말 타고 조선시대로 여행을 떠날 수 있는 체험 프로그램도 운영한다. 전통 가옥에서 숙박도 가능하다.

소수서원은 온순한 표정으로 길을 내어주고 푹신한 흙길을 따라 조선시대로 회귀할 수 있게 해준다. 마치 타임슬립이라도 하듯. 하늘에서 시간이 쏟아져 학문에 몰입하는 유생들이 환생한 것처럼 수천 년의 시간이 고요하게 흐른다. 그리고 그 틈 사이로 과거와 현대 사이의 무게가 느껴진다. 지상인지 천상인지 영혼까지 순수해지는 소수서원에서 마음 높이 쌓아뒀던 울타리가 허물어진다.

29

부산

자갈치 시장 → 영도 다리 → 태종대

정·삶·꿈이 살아 있는 부산여행

여행 정보

- 부산역/ 자갈치역
  부산역 1번 출구 앞 저상시티투어버스 그린라인 이용
  영도 경찰서 버스정류장 앞에서 30번 저상버스
- 두리발 장애인 콜택시 즉시콜
- 자갈치 시장 다수/ 태종대 앞 다수
- 자갈치 시장 건물/ 태종대 다누비열차 정류장/ 태종대 전망대

여름 휴가 시즌, 열정의 시간이 지난 부산은 차분해지고 있다. 장애인에게 휴가철은 오히려 소외의 시간이기도 하다. 장애인 객실이 있어도 빈방이 없는 곳이 천지이다. 장애인 객실은 장애인, 비장애인 상관없이 먼저 예약하는 사람이 임자이기 때문이다. 게다가 넓은 장애인 객실을 선호하는 사람들이 늘면서 성수기에는 더 비싸게 객실을 판매한다. 그렇다 보니 정작 장애인이 휴가철에 무장애 객실을 구하기란 하늘의 별 따기다. 장애인의 여행 계획은 성수기를 피하는 전략도 필요하지만, 이런 전략이 필요하지 않게 제도적 정비가 더욱 절실하다.

부산으로 향하는 기차에 올랐다. 부산은 KTX, SRT 등 고속열차가 수시로 운행돼 당일 여행지로도 손색없다. 부산역에서 내려 지하철 타고 자갈치 시장으로 향했다. 자갈치 시장은 부산 대표 여행지 중

한 곳이어서 여행객이 많이 찾는 곳이다. 오이소, 보이소, 사이소, 정겨운 부산 사투리가 사방에서 파노라마처럼 춤춘다. 방금 건져 올린 싱싱한 삶이 펄떡이고 있었다.

살아 꿈틀대는 싱싱한 제철 생선을 싸게 살 수 있고 식당에선 생선 굽는 냄새가 허기진 배를 자극한다. 더 이상 참지 못하고 생선구이를 먹으러 아무 식당이나 들어갔다. 자갈치 시장의 식당 대부분은 문턱 없는 곳 천지여서 휠체어 탄 여행객도 골라 먹는 재미가 쏠쏠하다. 민생고를 해결하고 영도 다리 쪽으로 광장을 따라 걸어갔다.

영도 다리가 올라가는 것을 보고 싶었는데, 주말엔 도개 시각이 오후 2시라 이번엔 볼 수 없었다. 다리가 올라가지 않을 땐 다리를 건너는 것도 현장감 있고 실감 나겠지. 휠체어 타고 건너니 여행자의 삶이 꽤 괜찮게 느껴졌다. 다리를 건너자 〈굳세어라 금순아〉 노래비와 가수 현인 선생님의 동상을 비롯한 조형물이 반겨준다. 개항기부터 최근까지 영도다리와 얽힌 다양한 삶의 이야기를 담아낸 작품들이다.

영도경찰서 버스정류장 앞에서 30번 저상버스를 타고 태종대로 달렸다. 부산에는 저상버스도 많다. 한참을 달려 태종대 앞에서 내렸다. 자연의 아름다움에 심취할 수 있는 해안 절경 명승지, 태종대는 휠체어 타고 섬 한 바퀴 산책하기 좋은 코스다. 태종대를 한 바퀴 도는 다누비 열차에는 리프트가 설치돼 있어 수동휠체어를 타거나 보행이 어려운 여행객에게 이동 편의를 제공한다. 하지만 전동휠체어를 타고 굳이 다누비 열차를 이용하기보다는 천천히 태종대 구석구석 산책하는 맛이 훨씬 좋다. 태종대 한 바퀴는 4.3킬로미터 정도로 전동휠체어로 산책하기 충분하고, 오래도록 마음에 담을 수 있는 풍경도 즐비하다. 먼저 오른쪽으로 태종대를 한 바퀴 돌기로 했다.

자갈마당 광장에 숲이 우거진 오솔길 끝에 이르자 순직 선원 추모비가 있다. 조국 떠나 멀리 망망대해를 헤치며 원양어로 작업 중 불의의 사고로 이역만리 타국에서 세상을 떠난 이들의 넋을 위로하고 기념하기 위해 1969년에 비를 세웠다. 순직 선원 추모비 앞에서 보

이는 태종대 앞바다에는 어선들이 가득하다. 움직이는 어선도 있고 부유하는 어선도 있다. 둘만의 시간과 공간이 필요한 연인들도 이곳을 즐겨 찾는다. 오늘 바다는 미동도 없이 잔잔한 물결을 유지한다. 가끔 지나는 유람선이 파도를 일으키지만 아랑곳하지 않고 평정을 찾는다.

발길 돌려 남항 조망지로 향했다. 남항 조망지는 데크로 만들어져 누구나 접근하기 쉽다. 근처 '모자상'은 세상을 비관해 태종대 절벽에서 삶을 마감하려는 사람에게 어머니의 사랑을 다시 한 번 떠올리게 해서 삶의 안식과 희망을 북돋워주는 조각상이다. 얼마나 힘들면

삶을 스스로 마감하려 했을까. 어머니의 마음으로 그런 이들을 우리 사회가 품어주고 울타리가 되는 안전망을 갖춰야 한다.

남항 조망지에서 조금 더 가면 전망대가 나온다. 전망대는 장애인 화장실도 있어 볼일도 보고 잠깐 숨도 돌릴 수 있는 중간 쉼터이다. 간단한 먹거리와 음료도 판매해 잠시 쉬어가기 좋다. 전망대에서 잠시 넋 놓고 바다 멍을 하다 발길을 옮긴다. 태종대에는 볼거리와 체험 거리도 많다. 그러나 휠체어 탄 여행객은 볼 수도, 참여할 수도 없다. 아무리 멋있는 곳이라고 해도 휠체어 탄 내가 접근할 수 없는 곳이라면 보나 마나 멋지지 않을 테니까, 패스!

빼곡한 나무가 우거진 산책길을 따라 태종사로 향했다. 태종사로 내려가는 길은 약간의 경사가 있어 휠체어 탄 여행객은 주의를 기울여야 한다. 입구에도 경사가 있어 활동지원인의 도움을 받아야 한다. 대부분 한국 사찰이 그러하듯 태종사도 대웅전에는 휠체어 탄 여행객은 들어갈 수 없다. 수국으로 명성이 자자한 태종사 마당을 천천히 둘러본 후 종착지인 다누비 열차 출발지에 도착했다.

천천히 걷고 자세히 보면 지나간 시간의 흔적이 보인다. 인생에서 중요한 건 속도가 아니라 방향이다. 삶이 생각대로 흘러가지 않을 때 잠시 가던 길을 멈추고, 지난날 꿈꾸고 그리워했던 일을 떠올려 본다. 꿈의 유통기한을 정해야 한다면 만년으로 하고 싶다. 그때쯤이면 인류는 우주 어딘가로 여행하고 장벽 없는 세상이 돼 있을 테니까.

30

제주도

천지연폭포 → 이중섭 거리 → 매일 올레시장 → 칠십리 시 공원
→ 서복전시관 → 정방폭포

가고 싶은 마음의 고향

여행정보

- 제주공항에서 600번, 800번, 801번 버스
- 제주교통약지이동지원 차량 이용, 전화 1899-6884/ 문자 010-6641-6884
- 천지연폭포 앞 다수, 올레시장 다수
- **호텔화인 제주** / 제주특별자치도 서귀포시 칠십리로 87
  전화: 064-763-9540
  http://www.hotelfinejeju.com/
- 천지연폭포/ 이중섭미술관/ 올레시장/ 서북기념관/ 정방폭포

“밀감 향기 풍겨 오는 가고 싶은 내 고향 칠백 리 바다 건너 서귀포를 아시나요.”

노랫말처럼 서귀포는 가고 싶은 마음의 고향이다. 서귀포에 빛과 바람이 더해지면 꽃은 여러 색깔로 변하며 계절을 맞는다. 아름다운 계절은 따로 없고 특색 있게 제 몫을 다 할 뿐이다. 그림 같은 풍경은 자연의 치밀한 계산 결과다. 서귀포는 무한할 정도로 다양한 풍경을 만들고, 그곳으로의 여행 속엔 수많은 이야기가 관계 맺기를 한다. 제주로 길을 나서기로 했다. 제주를 찾는 이유는 다양하다. 날이 좋아서, 바람 맞고 싶어서, 바다가 보고 싶어서, 꽃 피는 계절이어서, 갖은 핑계를 만들어 자꾸 제주를 열망한다. 제주라는 명칭도 왜 그리 아름답고 정겹게 느껴지는지.

꼭두새벽에 집을 나섰다. 이토록 나를 열정적으로 움직이게 하는 건 무엇일까? 물론 답은 이미 알고 있다. 아무리 훌륭한 관광지라도 모두가 함께할 수 없다면 일부만이 누리는 특권이 되기에! 김포공항에 아침 일찍 도착해도 이른 시간이 아니다. 전동휠체어 타는 여행객은 한 시간 반 넘게 일찍 도착해도 거쳐야 할 절차가 많다. 티켓팅하는 동안 휠체어를 비행기 화물칸에 실으려고 배터리 사양을 확인하고, 무게와 폭, 길이 높이도 꼼꼼히 확인한다. 일련의 과정을 마치면 휠체어에 태그를 붙인다. 그리고는 패스트트랙을 이용해 교통약자 보안검색대에서 모든 짐을 꺼내 엑스레이 검색대 통과 절차를 진행한다.

가방 속의 물건을 모조리 꺼내 엑스레이 검색을 마치고 나면 다시 가방에 넣는 절차와 가방을 휠체어에 묶어야 하는 지난한 과정을 치른다. 이 과정을 거치고 나면 벌써 지치고 만다. 휠체어 탄 사람은 엑스레이 검색대가 좁아 통과할 수 없다. 그래서 검색요원이 손으로 몸을 훑어가며 꼼꼼히 확인한다. 검색대를 통과하면 비행기 탑승 게이트로 간다. 기내용 수동휠체어로 옮겨 앉고 전동휠체어는 화물칸으로 옮기기 위해 가져간다.

이때부터 휠체어 핸들링은 항공사 직원이 한다. 국내 항공사 중 핸들링 서비스는 D 항공사가 가장 나아서 계속 이용하게 된다. 휠체어 탄 승객은 가장 먼저 탑승하고 가장 늦게 내려야 비장애인 손님과 부딪치지 않고 수월하게 탑승할 수 있다. 기내용 휠체어에 옮겨 앉으면 휠체어를 스스로 핸들링할 수 없는 구조여서 완전 수동적인 장애인이 된다. 한 시간 남짓 하늘을 날아 제주공항에 도착하면 내리는 과정도, 항공사 직원의 핸들링도 똑같이 반복한다. 다만 짐은 다시 검색하지 않는다. 화장실 먼저 이용하고 장애인 콜택시(장콜)를 부른다. 제주에서는 다인승 장콜도 운행하지만, 여러 가지 사유로 장콜을 이용하기가 쉽지 않다. 1인승 장콜을 부르고 기다리기를 반복한 끝에 겨우 목적지로 이동했다.

천지연폭포에 도착하니 점심때가 한참 지난 시간. 새벽부터 움직인 탓에 뱃속은 텅 빈 상태고 당 떨어지는 소리가 들린다. 배가 고파서 뵈는 게 없을 지경이다. 천지연폭포 근처엔 경사로를 설치한 식당이 다수여서 골라 먹을 수 있으니 그나마 다행이다. 제주에 왔으니 갈치조림은 먹어줘야지. 하도 배가 고파 허겁지겁 먹고 나니 뭘 먹었는지 기억도 안 난다. 그렇게 주린 배를 채우고 천지연폭포로 고고 씽~

여행은 짜릿한 해방감을 준다. 낯선 곳으로의 일탈은 나를 내려놓게 하고 익숙한 관계에서 오는 부담감에서 벗어나게 한다. 천지연폭포처럼 열린관광지로 조성된 곳은 접근성에 대한 걱정을 덜어서 더 그렇다. 천지연은 하늘과 땅이 만나 이루어진 연못이라는 의미를 담고 있다. 폭포 주변은 희귀종 식물이 풍부한 천연기념물의 보고이

다. 낮과 밤의 풍경도 확연히 달라 몇 번을 와도 새롭다. 폭포로 진입하는 길은 평지이고 장벽이 없어 여유롭다. 쏟아지는 물결은 바다로 강물 되어 흐르며 햇살에 반짝인다. 천지연폭포와 인증샷을 남기고 새섬으로 향했다.

바닷가 근처라서인지 바람이 몹시 불고 바람 따귀를 실컷 두들겨 맞아 정신을 차릴 수가 없다. 역시 제주는 바람의 섬이다. 새섬은 서귀포 앞바다의 작은 섬이다. 새섬으로 가려면 새연교를 건너야 한다. 새연교는 새로운 인연을 만들어가는 다리라고 한다. 새섬공원은 바다와 숲을 동시에 즐길 수 있고 야경 명소로도 한몫한다. 새연교를 건너 공원에 들어서면 〈감수광〉, 〈서귀포를 아시나요〉 등의 가요가 흘러나와 잠시 노래 감상에 젖어든다.

좋은 인연을 아름답게 맺어주는 새섬에 휠체어 탄 여행객은 진입할 수 없다. 새섬으로 가는 길이 계단이어서다. 바다를 건너는 거대한 새연교도 만들었는데 새섬으로 가는 짧은 길이 계단이라니 휠체어 탄 장애인에겐 명확한 차별이다. 이와 관련해 인권위원회에 진정했지만 기각당했다. '피해자는 있는데 가해자가 없다'는 인권위의 기각은 기관 존재의 이유를 잃어가는 것 같아 씁쓸하다. 휠체어 탄 관광객만 계단에 막혀 새섬으로 가질 못하는데 이런 상황이 차별이 아니면 뭐가 차별일까.

발길을 돌려 이중섭 거리로 갔다. 가는 길은 작가의 산책길 구간과 겹친 곳도 있다. 이중섭 산책길은 서귀포를 샅샅이 둘러보기 좋은 코스로 연결돼 있다. 이중섭은 '한국의 피카소'라는 별칭으로 불린 천재적 화가다. 그는 서귀포로 와서 볕 잘 드는 언덕 위 초가집에서 살았다. 이후 서귀포는 이중섭 화가와 긴밀한 관계를 가지게 됐다. 한국전쟁 당시 부산을 거쳐 서귀포로 온 이중섭은 따듯한 남쪽 나라로 〈길 떠나는 가족〉이라는 명작을 남겼다. 소달구지에 가족을 싣고 길 떠나는 그림 속 장면이 조각으로 형상화되어, 이중섭 거리의 인생 사진 명소로 사랑받고 있다. 보도블록과 맨홀 뚜껑에도 그의 작품이 가득해 거리의 품격을 높인다.

이중섭이 살던 집은 당시의 초가 형태를 그대로 보존하고 있다. 일 년여 간 가족과 함께 살면서 작품 활동을 했다. 한 평 남짓한 부엌과 네 식구가 겨우 누울 수 있는 방 하나가 전부지만 전쟁 통에 가족이 함께 있다는 것만으로 행복했던 이중섭. 길 떠나는 가족은 그림 속에서 행복하게 웃고 있다. 소달구지 위의 여인과 두 아이가 꽃을 뿌리고 비둘기를 날리고, 소 모는 남정네는 감격에 겨워 고개를 젖히고 하늘을 향하고 있다. 하늘에는 한 가닥 구름이 가족을 지켜보고 있다. 이중섭의 그림은 추상적이지만 그림 속 인물이 행복하다

는 것을 직관적으로 알 수 있다. 이중섭이 살던 집에서 서귀포 앞바다가 훤히 보인다. 그림 같은 풍경은 이중섭의 화폭에 담겼고 훗날 서귀포가 이중섭 화가의 본거지처럼 여겨질 정도가 되었다. 서귀포는 이중섭에게 지상낙원의 의미를 지닌 곳이다.

이중섭이 살던 집 위에 이중섭미술관이 있다. 그의 일생과 작품이 전시돼 있다. 제주는 작가들의 작품이 한층 깊어지게 만드는 마법 같은 곳이다. 화가 이중섭도 그렇고 사진작가 김영갑도 그렇다. 두 사람 다 예술가로서 깊이 있는 작품을 제주에서 남겼다. 이중섭미술관에는 장애인 화장실이 있어 근심을 덜고 갈 수 있다. 이중섭 거리에는 작은 공방과 예쁜 카페가 많다. 오래된 트멍 공방은 이중섭 거리의 터줏대감 노릇을 한다. 공방을 뒤로하고 올레시장으로 갔다.

서귀포 매일올레시장은 올레 6코스 구간이어서 제주올레 여행자센터도 시장 끝에 자리하고 있다. 착한 가격에 고품질의 물건이 가득하고 제주만의 전통 먹거리가 여행객을 불러들인다. 매일올레시장은 구경하는 것만으로도 배부르고 신난다. 시장 가운데 의자가 있어 여러 가지 음식을 조금씩 사서 뷔페처럼 펼쳐놓고 먹기 딱 좋다. 요즘은 재래시장에도 편의시설을 갖춘 곳이 늘고 있다. 장애인 화장실은 물론이고 식당 문턱을 낮춰 맛깔 나는 시장표 음식을 골라 먹을 수 있다. 맛있는 음식 냄새가 자꾸 코를 찔러 도저히 참을 수 없다. 먹을 것 앞에서는 장사가 없다. 먹거리와 물건을 사면 덤은 물론

정까지 듬뿍 얹어준다. 물건에는 가격이 있지만 정에는 값을 매길 수 없다. 출출한 배를 시장표 간식으로 채우고 '칠십리 시' 공원으로 발길을 옮겼다.

칠십리 시 공원은 제주올레 6코스 해안 올레길을 연결하는 공원이다. 공원을 둘러보면 노래 가사와 시가 새겨진 돌을 볼 수 있다. 그냥 걸어도 좋고 시를 읽으며 여유롭게 산책하면 치유의 공간이 된다. 보석같이 반짝이는 지금, 마음속 깊은 곳에 잠자던 서정이 꿈틀댄다. 칠십리 시 공원에서 지적 사치를 채우고 서복전시관으로 이동했다.

서복전시관은 진시황과 서복의 인연을 기념하기 위한 전시관이다. 진시황은 서복을 한라산으로 보내며 불로초인 영지버섯과 시로미, 금광초, 옥지지 등을 구해 오라고 했다. 서복은 불로초를 구한 후 정방폭포 암벽에 '서불과지'(徐市過之 서복이 이곳을 지나갔다)란 글자를 새겼다. 서복이 '서쪽으로 돌아간 포구'라고 전해지면서 서귀포가 됐다고 전해진다. 당시 서복이 불로초를 구하러 오가는 여정이 사실적으로 전시물에 담겨 있다. 서복전시관의 야외 공간은 멋진 풍광을 자랑한다. 전시관을 나와 정방폭포로 발길을 이어간다.

정방폭포는 서복전시관 바로 옆에 있다. 주차장 옆 장애인 화장실은 널찍해 배 속을 비우는 데 걸림이 없다. 대신 절벽 아래로 세차게 쏟아지는 물소리만 들을 수 있을 뿐, 폭포 가는 길은 급경사 계단이어서 접근할 수 없다. 여행하다 보면 장벽을 만날 때가 있다. 장벽을 허물어 무장애 여행 영토를 더욱 넓히려 하지만, 정방폭포처럼 절벽으로 된 천혜의 자연을 감상할 수 있게 해달라고 주장하기에는 한계가 있다. 그럴 때면 갈 수 없어서 아쉬워하기보다 갈 수 있는 주변을 둘러보며 즐긴다. 그렇게 하면 휠체어 타고 여행하는 시간도 썩 괜찮다.

다만 여행지 곳곳에 적합한 편의시설을 제공하여 노인, 유아차 동반 가족, 장애인 등 관광 취약계층도 여행의 권리가 보장되어야 한다는 원칙은 여전히 유효하고 진행형이다. 어딘가에 다다르려면 거쳐야 하는 과정이 있기 마련이다. 여행도 마찬가지다. 목적 지향이던, 과정 지향이든 결국 그곳으로 가기 위한 여정도 여행의 일부다. 경이로운 자연 지형을 품은 곳, 서귀포 바다에 해가 지면서 황금빛 가루가 흩뿌려져 숨 막히는 풍광이 펼쳐진다.

관광약자 여행지원기관

관광취약계층의 여행을 지원하는 기관 운영

이 기관에서는 무장애 관광정보, 보장구 대여, 차량지원 등 다양한 지원을 하고 있다.

서울다누림관광센터

전화: 1670-0880
메일: danurim@sto.or.kr
주소: 서울 종로구 창경궁로 117
하나손해보험빌딩 1층
홈페이지: https://www.seouldanurim.net/index

제주관광약자접근성안내센터

전화: 1566-4669
주소: 제주특별자치도 제주시 선덕로 23
제주웰컴센터 1층
홈페이지: https://easyjeju.net/

경기여행누림

전화: 031-299-5053
누림센터 협력지원팀
주소: 경기도 수원시 권선구
서수원로 130
홈페이지: https://www.ggnurim.or.kr/PageLink.do

무장애로 즐기는 대구관광

전화: 053-633-8001
메일: wheel@wheeltour.or.kr
주소: 대구광역시 달서구 구마로 251
(성당동 262-2) 대성빌딩 3층
홈페이지: www.wheeltour.or.kr/

한국접근가능한관광네트워크

전화: 02-3665-8356
팩스: 02-3665-8357
메일: sun67mm@hanmail.net
홈페이지: www.knat2016.co.kr

휠체어배낭여행

전화: 010-9008-8356
메일: sun67mm@hanmail.net
홈페이지: https://cafe.daum.net/travelwheelch

한국장애인힐링여행센터

전화: 010-5674-0936
메일: chamee07@naver.com
홈페이지: https://cafe.naver.com/sukmee

초록여행

특징: 공모 형식으로 무료 여행지원
전화: 1670-4943
메일: cs.greentrip@gmail.com
홈페이지: https://www.greentrip.kr/

강릉무장애관광센터

전화: 033-645-4005
홈페이지: https://bf.gn.go.kr/home/kor/main.do

무장애 여행사

장애인 등 관광취약계층 고객을 위한 맞춤형 여행상품 판매

두리함께 여행사

특징: 국내, 해외
전화: 064-742-0078
메일: tour@jejudoori.com
주소: 제주특별자치도 제주시 이호2동 934
홈페이지: www.jejudoori.com/
기타: 국내최초 장애인 여행사로 장애 유형별 맞춤 서비스 제공
여행지원사 (트레블 헬퍼) 서비스 지원 (유료)

어뮤즈트래블

특징: 국내
전화: 02-719-6811~5
메일: abletour@naver.com
주소: 서울시 중구 청계천로 40 한국관광공사 서울센터
홈페이지: https://amusetravel.com/
특징: 유아, 노인, 장애인, 랜선 여행

에이블투어

특징: 국내여행 지원
전화: 031-843-1101
주소: 경기도 양주시 고읍남로39번길 131-27, 1층
홈페이지: http://abletour.kr/index.asp
기타: 리프트버스, 다인승 차량 대여

모아트래블

특징: 국내, 해외
전화: 02-712-8588 / 010-8288-2740
메일: gotomoa@naver.com
주소: 서울시 마포구 신촌로 162, 1101호
홈페이지: https://gotomoa.modoo.at/
기타: 장애 유형별 국내, 해외 테마별 맞춤 여행 및 기업, 단체 연수

전국 열린 관광지

2015년부터 정부에서 열린 관광지 조성사업을 시행하고 있다. 현재 열린 관광지가 조성된 곳은 182개소이고 열린 관광도시는 2개 소이다. 2027년까지 열린 관광지 조성 130개소와 열린 관광도시 13곳을 조성할 계획이다.

전국 열린 관광지 현황 총 182개 소 / 열린관광도시 강릉, 울산

2015년 (6개소)	순천: 순천만자연생태공원 경주: 보문단지 용인: 한국민속촌 대구: 근대골목 곡성: 섬진강 기차마을 통영: 한려수도 해상케이블카	2016년 (5개소)	강릉: 정동진 모래시계공원 여수: 오동도 고창: 선운산도립공원 보령: 대천해수욕장 고성: 당항포
2017년 (6개소)	정선: 삼탄아트마인 완주: 삼례문화예술촌 울산: 태화강십리대숲 고령: 대가야역사테마관광지 양평: 세미원 제주: 천지연폭포	2018년 (12개소)	아산: 외암민속마을 시흥: 갯골생태공원 동해: 망상해수욕장 무주: 반디랜드 함양: 상림공원 부산: 해운대해수욕장 & 온천 장흥: 정남진편백숲우드랜드 부여: 궁남지 여수: 해양공원 영광: 백수해안도로 산청: 전통한방휴양관광지 합천: 대장경기록문화테마파크
2019년 (20개소)	춘천: 남이섬, 물길로, 소양호스카이워크, 박사마을어린이 글램핑장 전주: 한옥마을, 오목대, 전주향고, 경기전 남원: 남원관광지, 국악의 성지, 지리산허브밸리, 백두대간 생태교육장 체험관 장수: 방화동가족휴가촌 · 자연휴양림, 장수누리파크, 와룡자연휴양림, 뜬봉샘생태관광지 김해: 가야테마파크, 낙동강레일파크, 봉하마을, 김해한옥체험관 합천: 대장경기록문화테마파크		

2020년 (23개소)	수원: 수원화성연무대, 수원화성장안문, 화성행궁 강릉: 안목커피거리, 경포해변, 연곡솔향기캠핑장 속초: 속초해수욕장관광지, 아바이마을 횡성: 황성호수길5구간, 유현문화관광지 단양: 다리안관광지, 온달관광지 임실: 임실치즈테마파크, 옥정호외얏날 완도: 신지명사립리해수욕장, 완도타워, 정도리구계동 거제: 수협효시공원, 포로수용소유적공원평화파크, 칠천량해전공원 제주: 서귀포 치유의 숲, 사려니숲, 붉은오름자연휴양림
2021년 (20개소)	고양: 행주산성, 행주송학커뮤니티센터,행주산성역사공원 강릉: 혀균허난설헌기념공원, 통일공원, 솔향수목원 충주: 충주세계무술원, 충주호체험관광지, 중앙탑사적공원 군산: 시간여행마을, 경암동철길마을 익산: 교도소세트장, 고스락 순창: 강천산군립공원, 향가오토캠핑장 순천: 순천만국가정원, 드라마촬영장, 낙안읍성 대구: 비슬산군립공원, 사문진주막촌
2022년 (20개소)	인천: 개항장역사문화공원, 월미문화의거리, 연안부두해양광장, 하나개해수욕장 진안: 마이산도립공원남부, 마이산도립공원북부 청주: 청주동물원, 명암유원지 전주: 전주동물원, 전주남부시장, 덕진공원 예산: 예당관광지, 대흥슬로시티, 봉수산자연휴양림장 남원: 광한루, 남원항공우주천문대 부안: 변산해수욕장, 모항해수욕장 제천: 청풍호반케이블카, 청풍호유람선
2023년 (20개소)	공주: 공주 무령왕릉과 왕릉원, 공주 한옥마을 대전: 대청호 명상정원, 대청호 자연생태관 사천: 사천바다케이블카, 초양도, 삼천포대교공원 시흥: 오이도 해양단지, 오이도 선사유적공원 영광: 불갑사 관광지, 불갑저수지 수변공원 영월: 영월 장릉, 청령포 임실: 사선대 관광지, 오수의견 관광지 함평: 함평엑스포공원, 돌머리해수욕장, 함평자연생태공원 해남: 우수영관광지, 송호해수욕장

2024년 (30개소)	춘천: 삼악산호수케이블카,김유정레일바이크,애니메이션박물관&토이로봇관 파주: 공릉관광지, 마장호수, 임진각관광지 연천: 재인폭포공원,연천재인폭포오토캠핑장,한탄강댐 보은: 속리산법주사,속리산테마파크 당진: 합덕제수변공원, 솔뫼성지 고창: 동호해수욕장(동호국민여가캠핑장,복분자유원지(고창국민여가캠핑장) 전주: 전주수목원, 팔복예술공장, 전주한벽문화관 구미: 금오산올레길&에코힐링숲, 구미에코랜드 안동: 월령교, 신성현문화단지 영덕: 고래불해수욕장, 괴사리전통마을 창원: 여좌천, 진해해양공원, 창원의집(역사민속관) 울산: 장생포고래문화특구,대왕암공원,강동오토캠핑장
2025년 (20개소)	춘천: 레고랜드, 김유정문학촌 파주: 제3 땅굴, 도라산전망대 거제: 거제식물원 진주: 진주성, 월아산 숲속의진주 합천: 황매산군립공원, 합천영상테마파크 김천: 직지사사명대사공원,산내들오토캠핑장 상주: 상주국제승마장, 경천섬 안동: 이육사문학관, 예음터마을 영주: 소수서원, 선비촌, 선비세상 정읍: 내장산국립공원(내장산지구) 정읍구절초지방정원
총 182	열린관광도시 2개 소 강릉, 울산